LIBRAIRIE CHAIX

Annexe à la Carte des Chemins de Fer de l'Europe

LES CHEMINS DE FER
DE L'EUROPE
EN EXPLOITATION

NOMENCLATURE DES COMPAGNIES
LIGNES COMPOSANT LEURS RÉSEAUX RESPECTIFS
LONGUEURS KILOMÉTRIQUES

PRIX 2 FR.   PRIX 2 FR.

PARIS
IMPRIMERIE ET LIBRAIRIE CENTRALES DES CHEMINS DE FER
IMPRIMERIE CHAIX
SOCIÉTÉ ANONYME AU CAPITAL DE SIX MILLIONS
Rue Bergère, 20
1888

LES CHEMINS DE FER

DE L'EUROPE

EN EXPLOITATION

LIBRAIRIE CHAIX

Annexe à la Carte des Chemins de Fer de l'Europe.

LES CHEMINS DE FER

DE L'EUROPE

EN EXPLOITATION

NOMENCLATURE DES COMPAGNIES,
LIGNES COMPOSANT LEURS RÉSEAUX RESPECTIFS,
LONGUEURS KILOMÉTRIQUES.

PARIS
IMPRIMERIE ET LIBRAIRIE CENTRALES DES CHEMINS DE FER
IMPRIMERIE CHAIX
SOCIÉTÉ ANONYME AU CAPITAL DE SIX MILLIONS
Rue Bergère, 20
1888

AVIS

Le tracé des voies ferrées de l'Europe forme, dans notre *Grand Atlas des Chemins de fer,* une carte à l'échelle de $\frac{1}{2,400,000}$ composée de quatre feuilles imprimées en deux couleurs, qui comprend toutes les lignes sur lesquelles existe un service public. Plus de cinq cents administrations différentes se partagent l'exploitation de cet immense réseau de 187,000 kilomètres, et il nous a semblé que le public aurait intérêt à connaître, surtout au point de vue des transports, les limites respectives de ces nombreux domaines.

Nous donnons en conséquence, dans le présent volume, — qui forme ainsi le complément de la Carte, — une nomenclature de ces Compagnies et des lignes exploitées par chacune d'elles, avec l'indication du siège social et des longueurs kilométriques.

Mais on sait que toutes les Compagnies n'exploitent pas seulement les lignes qui leur ont été concédées, et que plusieurs d'entre elles ont pris à bail des sections appartenant à d'autres Sociétés

Ainsi, en Belgique, en Danemark, en Norvège, le gouvernement régit non seulement ses propres lignes, mais encore une partie de celles dont sont concessionnaires des entreprises particulières. Dans la nomenclature ci-après, qui est, comme nos autres publications, un *document d'exploitation*, la distinction entre la concession et l'exploitation eût été d'un intérêt secondaire ; aussi le réseau de chaque Compagnie, tel qu'il s'y trouve indiqué, comprend non seulement les lignes concédées à cette Société et exploitées par elle, mais encore les sections appartenant à d'autres entreprises et qu'elle s'est chargée d'administrer.

Cette liste des Compagnies et des sections exploitées s'arrête au 1er septembre 1884 ; elle sera complétée et mise à jour au moyen d'éditions successives. Les personnes qui voudront, dans l'intervalle, se tenir au courant des ouvertures des nouvelles lignes, en trouveront, chaque mois, la nomenclature en tête du *Livret-Chaix continental*.

TABLE DES MATIÈRES

NOTA

Les noms de ville places entre parenthèses, à la suite de la dénomination des chemins de fer, indiquent le siege des Administrations ou des Compagnies

_____

ALLEMAGNE

PRUSSE

CHEMINS DE FER EXPLOITÉS PAR L'ÉTAT

1re DIRECTION ROYALE (Berlin).

(1) Service des marchandises.
(2) Propriété de la Compagnie de la Haute-Lusace.

Report . . . . . kilom.	2,158
Francfort-sur-l'Oder à Posen	173
Guben à Bentschen	90
Opalenitza à Gratz.	10
Jatznick à Ueckermunde.	19
Berlin a Dresde (1) . . .	175
Raccordements divers (1)..	8
Angermunde a Schwedt (2)	23
TOTAL. . . .	2.665

2ᵉ DIRECTION ROYALE (Bromberg).

Berlin à Eydtkuhnen (par Kœnigsberg)	742
Schneidemuhl a Insterbourg (par Thorn)..	438
Schneidemuhl à Deutsch-Krone.	23
Bromberg a Neufahrwasser (par Dantzick)	169
Thorn a Ottlotschin	15
Wangerin (Ruhnow) à Konitz.	140
Posen à Neu-Stettin	160
Neu-Stettin a Stolpmunde.	122
Zollbruck à Rugenwalde.	35
Neu-Stettin a Belgard	63
Tilsitt à Memel	92
Stargard à Dantzick (par Cœslin).	334
Insterbourg a Lyck	119
Laskowitz à Jablonowo.	52
Fredersdorf à Rudersdorf (2).	1
Raccordements a Elbing, Memel et Kœnigsberg . .	4
Belgard à Colberg.	36
Thorn a Marienbourg (par Graudenz).	135
Guldenboden a Johannisbourg	187
Konitz a Laskowitz	70
Kornatow à Kulm	17
Zollbruck a Butow	49
Tilsit a Insterbourg.	54
Embranchements des ports de Colberg, Memel, Stolpmunde, Rugenwalde et Neufahrwasser	0
TOTAL	3,085

3ᵉ DIRECTION ROYALE (Hanovre)

Peine (frontière du Brunswick) a Hamm (par Hanovre, Minden et Lœhne)	218
Herford a Detmold	28
Beckum (station) à Beckum (ville)	6
A reporter.	252

4ᵉ DIRECTION ROYALE (Francfort-sur-le-Mein).

---

(1) Service des marchandises

Report	kilom.	948
Hœchst a Soden	7
Curve à Wiesbaden	4
Curve a Biebrich	1
Mosbach à Wiesbaden	5
Francfort-sur-le-Mein à Hombourg	18
Lollar a Niederlahnstein (par Wetzlar)	117
Dietz à Zollhaus	11
Limbourg a Hadamar	8
Hohenrhein a Oberlahnstein	3
Charlottenbourg a Halensee	2
Calbe a Gratzelme	2
Bockenheim a Roedelheim	2
Total	1,128

5e DIRECTION ROYALE (Magdebourg)

Magdebourg a Thale (par Halberstadt)	87
Berlin a Magdebourg (par Potsdam)	142
Buckau a Sudenbourg	3
Spandau à Charlottenbourg	5
Magdebourg à Schœningen (par Eilsleben)	47
Eilsleben a Helmstedt	18
Magdebourg à Œbisfelde	55
Magdebourg à Wittenberge	109
Biederitz à Zerbst	30
Chemin du lac de Wann (Zehlendorf a Neu Babelsberg)	11
Raccordements à Magdebourg, Halberstadt, Thale, Erfourth et Halle (1)	18
Halle a Wegeleben (par Aschersleben)	83
Halberstadt a Vienenbourg (par Heudeber)	37
Vienenbourg à Clausthal (par Grauhot)	43
Frose a Ballenstedt	14
Heudeber a Wernigerode	9
Cœthen à Aschersleben	44
Biendorf à Gerlebock (1)	8
Berlin a Lehrte (par Stendal)	239
Raccordements a Berlin	5
Stendal à Uelzen	108
Uelzen à Langwedel (2)	98
Magdebourg a Leipsick (par Halle)	120
Schœnebeck à Gusten (par Stassfourt)	29
Stassfourt a Lodderbourg	4
Stassfourt a Blumenberg	30
Blumenberg à Eilslaben	25
Wernigerode à Ilsenbourg	9
Sangerhausen a Erfurth	68
Total	1,498

(1) Service des marchandises — (2) Propriété de la ville de Brême.

6ᵉ DIRECTION ROYALE, RIVE GAUCHE DU RHIN (Cologne).

Cologne a Herbesthal . . . . kilom.	86
Herbesthal a Eupen	5
Stolberg a Alsdorf.	13
Stolberg a Stolberg Muhle . . .	1
Raccordements a Cologne	6
Kalscheuren à Conz (par Euskirchen, Call et Treves)	179
Ehrang à Quint	2
Cologne à Bingerbruck (par Coblence)	152
Bonn a Obercassel.	5
Bonn à Euskirchen	34
Remagen a Ahrweiler	13
Neuss à Euskirchen (par Duren).	78
Andernach a Mayen	23
Andernach a Rheinwerft.	2
Coblence a Ehrenbreitenstein.	3
Cologne à Zevenaar (Pays-Bas), (par Cleves).. . .	136
Kempen a Venloo (Pays-Bas) . . .	23
Clèves a Nimegue (Pays-Bas). . . .	28
Crefeld a Rheydt (par Gladbach). . . .	23
Crefeld a Hochfeld.	17
Neuss à Viersen	12
Stieringen (Lorraine) à Bexbach (frontière du Palatinat). . . .	32
Sarreguemines (Lorraine) à Conz (par Sarrebruck) . . .	96
Sarrebruck a Scheidt.	4
Conz a Wasserbillig (Grand-Duché de Luxembourg) . .	7
Ehrang à Perl.	54
Karthaus à Conz.	2
Coblence à Perl (par Trèves)	159
Karthaus a Wasserbillig	7
Sarrebruck a Neunkirchen (par la vallée de Fischbach). . . .	26
Bingen a Neunkirchen	121
Punderich à Traben	11
Wittlich a Berncastel	15
Gerolstein a Prum	23
Call a Hellenthal.	17
Neuss a Obercassel	8
Rheydt à Dalheim	21
Welkenraedt (frontière belge) a Neuss (par Aix-la-Chapelle, et Markisch-Gladbach). . . .	77
Raccordement a Aix-la-Chapelle.	2
Markisch Gladbach a Stolberg (par Juliers) . . .	18
Juliers a Duren	16
Markisch-Gladbach a Homberg (par Viersen et Crefeld). . .	42

A reporter 1,611

Report . .	kilom	1,644
Viersen a Venloo (Hollande)	. .	22
Embranchements houillers (1)	. . .	36
Total	1,699

7e DIRECTION ROYALE, RIVE DROITE DU RHIN (Cologne).

Cologne (Deutz) a Hamm (par Dusseldorf, Oberhausen et Dortmund.	150
Raccordement a Dusseldorf	2
Embranchement de Duisbourg (2). . . .	3
Embranchement de Ruhrort	10
Oberhausen à Ruhrort (2)	4
Oberhausen a Bottrop	8
Borbeck a Essen (2)	3
Altenessen a Essen . .	3
Gelsenkirchen a Wattenscheidt	3
Oberhausen à Emmerich . .	64
Embranchements du port, a Wesel (2) . .	5
Wanne a Ruhrort (par Sterkrade) . . .	32
Dortmund à Herne (par Castrop Ville) . . .	23
Osterfeld à Neumühl (2)	6
Wanne à Brême (par Haltern, Munster et Osnabruck)	240
Haltern a Venloo (par Wesel et Geldern)	90
Raccordements a Geldern et à Osnabruck (2)	3
Cologne (Deutz) à Giessen (par Betzdorf). .	166
Raccordement et pont du Rhin, à Cologne . .	2
Dillenbourg à Oberscheld et prolongements . .	11
Wesel à Bocholt.	20
Soest a Emden (par Munster et Rheine) . . .	237
Welver a Sterkrade (par Dortmund et Bodelschwingh). .	66
Bodelschwingh a Mengede	2
Munster a Gronau (3)	57
Hochfeld à Dortmund (par Speldorf)	56
Hochfeld a Quakenbruck (par Duisbourg)	177
Heissen à Altendorf (par Steele)	15
Heissen a Osterfeld	11
Altendorf à Altenessen	5
Kray à Gelsenkirchen . .	4
Kray à Wanne. . . .	9
Langendreer à Lœttringhausen.	13
Embranchements à Dorsten, Rheine et Lingen .	10
A reporter . .	1,507

(1) Service des voyageurs et des marchandises . . . . 16 } 36
    Id. des marchandises . . . . 20 }
(2) Service des marchandises.
(3) Propriété de la Compagnie de Munster a Enschede

8º DIRECTION ROYALE (Elberfeld).

Report . . . . kilom.		930
Hagen à Ludenscheid (par Brugge).		30
Hagen à Wœrde (par Gevelsberg Haufe)		13
Hagen à Dortmunderfeld (par Witten) et raccordement..		29
Hengster à Siegen et raccordement a Cabel		101
Letmathe a Iserlohn		6
Finnentrop à Rotnemuhle (par Olpe)		33
Menden a Hemer.		7
Homberg à Mœrs		6
Creuzthal à Hilchenbach.		10
Oberbarmen a Hattingen		23
Bismarck a Winterswyk (Pays-Bas) (1).		9
Bocholt a Winterswyk (Pays-Bas) (1)		18
Total 1,265		

9º DIRECTION ROYALE (Erfurth).

Halle à Guntershausen (par Weimar, Erfurth, Gotha et Gerstungen).	254
Corbetha à Leipsick	31
Ceinture de Leipsick.	5
Weissenfels à Gera	60
Leipsick (Barneck) a Zeitz.	38
Dietendorf à Ilmenau par Arnstadt.	37
Gotha à Leinefelde (Dingelstadt)	59
Gera à Eichicht	77
Gotha à Ohrdruf (2)	18
Berlin a Halle	162
Juterbogk à Rœderau	78
Raccordements à Rœderau et a Rosslau.	3
Zerbst (frontière) à Leipsick	80
Rosslau à Falkenberg (par Wittenberg)	85
Dessau à Cœthen	21
Raccordement avec le chemin de Ceinture de Berlin	4
Plaue à Rit/chenhausen (par Suhl et Grimmenthal) . . .	57
Halle a Gubeu (par Cottbus (3).	212
Cottbus a Sorau (3)	59
Eilenbourg à Leipsick (3)	24
Kohlfurt à Falkenberg et raccordements (4).	152
Total. 1,513	

(1) Service des marchandises.
(2) Compagnie spéciale.
(3) Propriété de la Compagnie de Halle-Sorau Guben
(4) Propriété de la Compagnie de Haute-Lusace

10ᵉ DIRECTION ROYALE (Breslau)

Breslau a Myslowitz (par Oppeln et Kosel).	kilom	197
Myslowitz à Oswiecim (Autriche)		22
Schoppinitz à Sosnowice.		3
Gleiwitz a Morgenroth (1)		16
Morgenroth a Tarnowitz		22
Tarnowitz à Stahlhammer		14
Gleiwitz à Schwientochlowitz (par Beuthen)		30
Brieg a Neisse		47
Breslau à Posen.		165
Lissa a Glogau.		44
Raccordement de Poepelwitz.		3
Stargard à Posen		173
Kosel à Oderberg (Autriche)		58
Ratibor à Leobschutz		38
Nendza a Idaweiche		60
Idaweiche a Kattowitz.		5
Breslau à Mittelwalde (par Glatz).		130
Rasselwitz a Jægerndorf (Autriche).		33
Kosel (Kandizin) à Frankenstein (par Neisse).		123
Deutsch-Wette à Ziegenhals		6
Posen à Thorn		144
Inowrazlaw à Bromberg		45
Glogau à Hansdorf.		71
Sagan à Sorau		13
Oppeln (Groschowitz) a Borsigwerk		73
Peiskretscham à Laband.		5
Strehlen a Heidersdorf.		15
Oels a Gnessen.		160
Raccordements a Gnessen et à Orzechowo.		2
Posen a Creutzbourg.		201
Embranchement a Posen.		3
Breslau à Dzieditz (par Vossowska et Tarnowitz)		257
Oppeln a Vossowska.		31
Raccordements à Breslau et Oppeln.		4
Schoppinitz à Sosnowice (Russie).		3
Creutzbourg à Rosenberg		20
Breslau (Durgoy) a Puschkowa (par Koberwitz)		26
Rosenberg a Lublinitz.		34
Orzesche à Sohrau.		13
Embranchements houillers (1)		95
TOTAL		2,406

(1) Service des marchandises

1.

11e DIRECTION ROYALE (Altona).

Altona a Kiel. . . . . kilom.		108
Rendsbourg a Neumunster		34
Neumunstei a Oldesloe.		45
Neumunster à Neustadt.		62
Ascheberg a Kiel		26
Altona a Wedel (par Blankenese)		19
Altona à Schulterblatt (vers Hambourg)		3
Rendsbourg a Wamdrup (Danemark)		136
Jubeck a Tœnning.		48
Embranchement de Flensbourg.		5
Tingleff a Tondern		26
Rothenkrug a Apenrade		7
Woyens à Hadersleben		12
Embranchement de Schleswig		3
Neustadt a Oldenbourg (Holstein) (1)		23
TOTAL		**557**

12e DIRECTION ROYALE BERLIN HAMBOURG (Berlin).

Berlin à Bergedorf.		271
Bergedorf à Hambourg.		15
Buchen a Lauenbourg		13
Wittenberge à Buchholz		143
Hambourg à Schulterblatt (vers Altona).		4
Spandau (Ruhleben) a Charlottenbourg		6
TOTAL		**452**

13e DIRECTION ROYALE. BRESLAU-FREIBURG (Breslau).

Breslau à Stettin (par Custrin)		351
Breslau a Hermsdorf (par Freiburg et Sorgau)		74
Sorgau a Halbstadt (Autriche)		35
Frankenstein a Raudten (par Liegnitz et Schweidnitz) . . .		135
Schmiedefeld à Mochbern		1
Fellhammer a Gottesberg (2)		2
Raccordement a Dunzig (2).		2
TOTAL.		**600**

MILITAIRE (Chemin) (Berlin).

Berlin à Zossen (3).		31
Zossen à Kummersdorf (polygone)		15
TOTAL		**46**

(1) Propriété de la Compagnie de Kreis-Oldenbourg
(2) Service des marchandises.
(3) Section affectée aux transports militaires.

CHEMINS DE FER EXPLOITES PAR LES COMPAGNIES

AIX A JULIERS (Aix-la-Chapelle).

Aix-la-Chapelle à Juliers (par Hœngen). . . . . kilom	25
Aix-la-Chapelle a Rothe-Erde	5
Moisbach a Eschweiler-Aue (par Stolberg) (1)	11
Raccordements.	2
TOTAL. . . .	43

ALTDAMM A COLBERG (Stettin)

Altdamm à Colberg (par Greifenberg)	122

ALTONA A KALTENKIRCHEN (Altona).

Altona a Kaltenkirchen.	36
Quickborn à Himmelmoor	1
TOTAL	37

BRESLAU A VARSOVIE (Wartenberg).

Oels a Wilhelmsbruck	56

BRŒLTHAL (Hennef) (2).

Hennef a Waldbroel	20

CREFELD A KREIS ET KEMPEN (Crefeld).

Crefeld a Viersen	17
Crefeld à Suchteln (par Kempen)	25
Suchteln à Grefrath	4
Huls a Mœrs (par Niep)	14
TOTAL	60

CRONBERG (Cronberg).

Rœdelheim a Cronberg.	

DORTMUND A GRONAU ET ENSCHEDE (Dortmund).

Dortmund a Gronau	97

EISERN A SIEGEN.

Eisern à Siegen et embranchements	12

(1) Service des marchandises.
(2) Ce chemin ne fait pas partie de l'Union allemande. (Voie étroite de 0m,785.)

ELBE INFÉRIEUR (Harbourg)

Harbourg a Cuxhaven (par Stade) . . . .   kilom.   103

GEORGS-MARIENHUTTE (Georgs-Marienhutte).

Georgs-Marienhutte à Hassbergen.   7

GLASOW A BERLINCHEN.

Glasow a Berlinchen.   18

HOYA (Hoya).

Eistrup à Hoya   7

KIEL A FLENSBOURG (Kiel)

Kiel à Flensbourg (par Eckernfœrde)   79

LUBECK A BUCHEN ET HAMBOURG (Lubeck).

Lubeck a Buchen   47
Lubeck à Hambourg   64
Lubeck a Travemunde   15

                              TOTAL   . .   .   126

MARCHE DU HOLSTEIN (Gluckstadt)

Elmshorn a Heide (par Glusckstadt)   88
St-Michaelisdonn à Marne   8

                              TOTAL.   96

MARIENBOURG A MLAWKA (Dantzick).

Marienbourg à Illowo   143
Zaionskowo à Loebau   7

                              TOTAI   150

NORDHAUSEN A ERFURTH (Nordhausen)

Nordhausen à Erfurth   78
Straussfurt a Gross-Heringen (1)   53

                              TOTAL   131

OSTERWICK à WESSERLEBEN

Osterwick à Wesserleben.   5

_____

(1) Ligne rachetée a la Compagnie de Saale-Unstrut

OUEST DU HOLSTEIN (Neumunster)

Neumunster à Karolinenkoog, pres Tonningen (par Heide et Wed
  dinghusen). . . . . kilom. 78
Heide a Busum (par Wesselburen). 24

TOTAL. . 90

PAULINEAUE A NEURUPPIN (Neuruppin)

Paulineaue a Neuruppin. 28

PEINE A ILSEDE (Peine).

Peine a Gross-Ilsede 8

RHENE A DIMMENTHAL.

Rhene a Dimmenthal. 11

SCHLESWIG-ANGLER (Schleswig)

Schleswig a Suderbrarups 22

SOCIETÉ DES CHEMINS D'INTÉRÈT LOCAL DE
L'ALLEMAGNE.

Kœnigswinter a Drachenfels 8

STARGARD A CUSTRIN (Custrin).

Stargard a Custrin. 98

SUD DE LA PRUSSE ORIENTALE (Kœnigsberg).

Kœnigsberg à Pillau 46
Kœnigsberg à Prostken 197
Fischhausen a Palmnicken 19

TOTAL . . 262

WARSTEIN A LIPPSTADT

Warstein a Lippstadt. 31

WITTEMBERGE A PERLEBERG (Perleberg)

Wittemberge à Perleberg 11

ENSEMBLE POUR LA PRUSSE . . . 22,507

BAVIÈRE.

CHEMINS DE FER EXPLOITÉS PAR L'ÉTAT

CHEMINS DE L'ÉTAT BAVAROIS (Munich)

Munich a Hof (par Nuremberg et Bamberg) . . . . .kilom.	388
Georgensgemund à Spalt.	7
Hochstadt a Stockheim	25
Nuremberg à Crailsheim (Wurtemberg) . .	90
Treutchlingen a Aschaffenbourg (par Wurtzbourg) . .	230
Steinach à Rothenbourg	11
Lohr a Wertheim (Bade) . .	37
Aschaffenbourg a Miltenberg	37
Miltenberg a Amorbach .	9
Nuremberg a Wurtzbourg (par Furth)	102
Siegelsdorf à Langentzenn .	6
Neustadt-sur Aisch à Windsheim	16
Bamberg a Wurtzbourg (par Schweinfourt)	100
Oberndorf-Schweinfourt a Meiningen (Saxe-Meiningen) (par Eben-	
hausen) .	79
Ebenhausen a Kissingen	10
Oberndorf-Schweinfourt à Gemunden	51
Nuremberg à Markt-Redwitz . . .	124
Hersbruck à Pommelsbrunn . .	5
Schnabelwaid à Bayreuth	19
Markt-Redwitz à Eger (Autriche) (par Schirnding).	27
Holenbrunn a Wunsiedel.	4
Munich à Oberkotzau (par Landshut et Ratisbonne).	306
Geiselhœring a Sunching	9
Ratisbonne au Danube (1) . . .	1
Ratisbonne à Nuremberg (par Neumarkt). . .	101
Landshut à Landau-sur-Iser.	45
Neufarhn à Straubing. . . .	34
Feucht a Altdorf .	12
Schwandorf à Nuremberg	94
Schwandorf à Fourth (Autriche)	67
Neukirchen a Weiden . .	52
Weiden à Neumarkt (par Bayreuth)	79
Wiesau à Eger. .	27
Wiesau à Tirschenreuth	11
Oberkotzau a Eger (Autriche). . .	55
Ratisbonne a Passau (Autriche) (par Obertraubling).	117
A reporter	2,387

(1) Service des marchandises.

Report .	kilom	2,387
Passau au Danube (1)	. .	1
Munich a Simbach	.	124
Munich à Pasing . . .	.	8
Schwaben a Erding	.	14
Munich a Saltzbourg (Autriche) (par Rosenheim)		153
Rosenheim à Kufstein (Autriche). .	.	34
Prien a Aschau	.	10
Freilassing a Reichenhall. . .	.	15
Rosenheim a Eisenstein (Autriche) (par Muhldorf)	.	214
Neumarkt à Pocking	.	63
Munich à Schliersee (par Holtzkirchen). . . .	.	61
Holtzkirchen à Tolz	.	22
Holtzkirchen a Rosenheim . . .	.	37
Munich a Ulm (Wurtemberg) (par Augsbourg). .	.	146
Munich à Weilheim (par Pasing et Starnberg)	. .	53
Weilheim à Peissenberg	.	9
Tutzing à Pentzberg	.	23
Weilheim a Murnau . . .	. .	22
Munich à Lindau.	.	221
Bobingen à Landsberg (par Kaufering) . . .		27
Buchloe à Memmingen . .		46
Biessenhofen à Oberdorf	.	7
Kempten à Neu-Ulm (par Memmingen) .	.	85
Senden à Weisenhorn . . .	.	10
Immenstadt à Sonthofen . . .		8
Oberreitnau à Lindau (1).	.	11
Angsbourg (Hochzoll) à Ratisbonne (par Ingolstadt)	.	136
Ingolstadt à Neu-Offingen (par Donauwœrth)		97
Saal à Kelheim		5
Kelheim au Danube (1)	.	1
Sintzing à Alling	.	1
Buchloe à Pleinfeld (par Augsbourg et Gunzenhausen)		166
Nœrdlingen a Dombuhl (par Feuchtwangen)		54
Landshut a Neumarkt-sur-Rott	. .	39
Gemunden a Hammelbourg . . .	. .	28
Schaftlach à Gmund (lac Tegern). . . .	.	8

TOTAL 4,349

CHEMINS DE FER EXPLOITÉS PAR LES COMPAGNIES

LOUIS DE BAVIERE [Nuremberg]

Nuremberg a Furth .	.	.	. . .	6

(1) Service des marchandises

PALATINAT (Ludwigshafen).

Neunkirchen (Prusse) a Worms (Hesse-Darmstadt) par Kaiserslautern, Neustadt et Ludwigshafen. . . . . kilom.	126
Hombourg à Deux-Ponts (Zweibrucken) .	11
Schwartzenacker à Scheidt (par St-Ingbert)	24
Landau a Sarreguemines (par Deux-Ponts (Zweibrucken) . .	109
Biebermuhle a Pirmasens.	7
Schifferstadt a Germersheim (par Spire) . . .	22
Spire au Rhin (vers Heidelberg)	4
Ludwigshafen au Rhin (vers Heidelberg)	4
Neustadt à Wissembourg (Alsace).	43
Winden à Maximiliansau	16
Winden a Bergzabern	9
Landau a Germersheim	25
Germersheim a Lauterbourg (Alsace) . . .	38
Hochspire à Munster-sur-Stein (Prusse) . .	50
Kaiserslautern a Enkenbach	14
Langmeil a Morschheim	25
Marnheim a Monsheim (Hesse-Darmstadt) . .	10
Grunstadt a Eisenberg	9
Neustadt a Durkheim et a Monsheim	36
Frankenthal à Freinsheim	13
Landstuhl a Kusel	29
Kaiserslautern a Lauterecken.	32
TOTAL	658
ENSEMBLE POUR LA BAVIÈRE. . . .	5,013

WURTEMBERG

CHEMINS DE FER EXPLOITÉS PAR L'ÉTAT

CHEMINS DE L'ÉTAT WURTEMBERGEOIS (Stuttgardt)

Bretten (Bade) a Friedrichshafen (par Stuttgardt, Ulm et Biberach)	261
Pforzheim (Bade) a Wildbad	23
Pforzheim a Horb.	69
Calw à Zuffenhausen	49
Stuttgardt a Freudenstadt	87
Plochingen à Villingen (Bade)	150
Rottweil à Immendingen (Bade)	38
Tubingue à Sigmaringen.	88
A reporter.	765

Report. . . . . kilom.	765
Bietigheim à Osterburken (Bade) . . .	78
Heilbronn à Eppingen (Bade).	24
Heilbronn a Crailsheim . . .	88
Goldshœfe a Mergentheim. .	89
Cannstadt a Nœrdlingen (Bavière)	112
Waiblingen a Hessenthal.	61
Bietigheim a Backnang. . . .	26
Ludwigsbourg a Beihingen	5
Aalen a Ulm. .	73
Ulm a Sigmaringen	93
Herbertingen a Isny	85
Altshausen a Pfullendorf (Bade) .	25
Kisslegg à Wangen	13

TOTAL   1,537

CHEMINS DE FER EXPLOITES PAR LES COMPAGNIES.

ERMS (Vallee de l') (Urach)

Metzingen a Urach   10

KIRCHHEIM (Kirchheim)

Unterboihingen a Kirchheim   6

ENSEMBLE POUR LE WURTEMBERG . .   1,553

SAXE

CHEMINS DE FER EXPLOITES PAR L'ETAT

CHEMINS DE L'ÉTAT DE SAXE (Dresde)

Leipsick à Hof (Bavière)	165
Ceinture de Leipsick.	8
Plagwitz a Gaschwitz	10

A reporter   188

Report.	.	. kilom	2,020
Hainsberg a Schmiedeberg .	. .	. . .	21
Schwarzenberg a Johanngeorgenstadt	.	. . .	17
Radebeul a Radebourg	. .	. . .	17
Schmiedeberg à Kipsdorf (1)		.	4
Moltheuer a Weida (Altstadt)	. .	. .	33
Altenbourg a Zeitz (Prusse) (2)		.	23
Gaschwitz à Meuselwitz (2). .		. .	28
Zittau a Reichenberg (Autriche) (2)	.	. . .	26

Total 2,191

BADE

CHEMINS DE FER EXPLOITES PAR L'ETAT

CHEMINS DE L'ÉTAT DE BADE (Carlsruhe)

Mannheim a Constance (par Heidelberg, Carlsruhe et Bale) . .	414
Embranchement sur le Rhin a Mannheim (3) . . .	4
Mannheim a Ludwigshafen . . .	1
Mannheim a Carlsruhe (ligne du Rhin)	62
Heidelberg a Wurtzbourg (Baviere) . . .	159
Neckargemund à Jagstfeld (par Meckesheim) .	46
Meckesheim à Neckarelz	32
Neckarelz à Jagstfeld	18
Rappenau aux Salines (3).	1
Kœnigshofen à Mergentheim . .	7
Lauda à Wertheim	31
Bruchsal a Rheinsheim	22
Bruchsal a Bretten	15
Durlach a Muhlacker (Wurtemberg) . . .	39
Grœlzingen a Eppingen.	41
Oos a Bade	4
Appenweier a Kehl	14
Offenbourg à Singen. . , ...	149
Hausach a Wolfach	5
Fribourg à Vieux-Brissach	23
Mulheim au Rhin (Neuenbourg)	5
Raccordements a Bâle.	6

A reporter 1,098

---

(1) Chemin à voie etroite.
(2) Chemins concédés exploites par l'État.
(3) Service des marchandises.

Report . . . kilom	1,098
Waldshut au Rhin (vers Turgi).	2
Oberlauchringen a Weitzen	20
Radolfzell à Mengen (Wurtemberg)	57
Schwakemeuthe a Pfullendorf.	16
Krauchenwies a Sigmaringen (Prusse).	10
Raccordements a Mannheim, a Heidelberg, etc (1)	8
Heidelberg au Rhin (vers Spire) (2)	23
Carlsruhe à Maxau (2)	10
Rastadt a Gernsbach (2)	15
Appenweier a Oppenau (2).	18
Dinglingen à Lahr (2)	3
Dentzlingen à Waldkirch (2)	7
Bale a Zell (par Schopfheim) (2)	27
Total.	1,313

HESSE-DARMSTADT

CHEMINS DE FER EXPLOITES PAR L'ETAT

MEIN-NECKER (Darmstadt)

Francfort-sur-le Mein a Heidelberg	88
Friedrichsfeld à Schwetzingen.	7
Total.	95

HESSE SUPÉRIEURE (Giessen)

Giessen a Fulda (Prusse)	106
Giessen à Gelnhausen (Prusse).	70
Total.	176

---

(1) Service des marchandises
(2) Chemins concédés exploites par l'Etat.

CHEMINS DE FER EXPLOITÉS PAR UNE COMPAGNIE

LOUIS DE HESSE (Mayence)

	kilom	
Mayence a Worms.		47
Mayence a Bingen		32
Mayence a Aschaffenbourg (Bavière) par Darmstadt .		75
Mayence (Bischofsheim) a Francfort-s le-Mein . . .		36
Embranchement du port de Gustavsbourg . . .		4
Worms a Alzey		30
Darmstadt a Worms.		45
Francfort sur le-Mein a Aschaffenbourg (Bavière) par Hanau . . .		41
Limbourg a Francfort-sur-Mein (par Eschhofen et Hœchst) . .		74
Raccordement a Darmstadt.		4
Wiesbaden a Niedernhausen.		20
Forsthaus a Sachsenhausen		4
Golstein à Erfelden.		29
Biblis a Mannheim.		28
Rosengarten a Lampertheim		10
Waldhof a Neckar Vorstadt		4
Raccordement a Gross-Gerau		2
Goldstein a Niederrad		3
Niederrad a Griesheim.		2
Babenhausen a Hanau.		20
Erbach a Eberbach		31
Worms a Bensheim.		24
Alzey à Bingen		33
Darmstadt a Erbach		30
Babenhausen a Wiebelsbach-Heubach		15
Mayence à Alzey		43
Armsheim a Flonheim		6
Monsheim a la frontière bavaroise (par Wackenheim) .		4
Monsheim à la frontière bavaroise (par Hohensulzen). . . .		2
Alzey à la frontière bavaroise (par Wahlheim)		9
TOTAL		727
ENSEMBLE POUR LA HESSE-DARMSTADT .		998

MECKLEMBOURG

CHEMINS DE FER EXPLOITES PAR LES COMPAGNIES

FRÉDÉRIC-FRANÇOIS DE MECKLEMBOURG (Schwérin).

Lubeck a Strasbourg (Prusse) . .	kilom	230
Kleinen a Hagenow (par Schwérin)		45
Kleinen à Wismar		16
Butzow à Rostock		31
Malchin a Waren . . .		27
TOTAL		349

GUSTROW A PLAU (Gustrow).

Gustrow à Plau 44

PARCHIM A LUDWIGSLUST (Parchim)

Parchim à Ludwigslust 26

WISMAR A ROSTOCK (Wismar)

Wismar à Rostock 50

ENSEMBLE POUR LE MECKLEMBOURG . . . 478

OLDENBOURG

CHEMINS DE FER EXPLOITÉS PAR L'ÉTAT

OLDENBOURGEOIS (Oldenbourg)

Oldenbourg a Brême	42
Oldenbourg a Leer (Prusse) . .	54
Ihrhove a Neuschanz (Hollande)	18
Sande à Jever	13
Oldenbourg a Wilhelmshafen (1) . . .	52
Oldenbourg à Osnabruck (Prusse) . .	108
Jever a Wittmund	3
Hude à Nordenhamm . . .	44
Ocholt à Westerstede (2) . . .	7
TOTAL	341

(1) Propriété de l'Etat prussien
(2) Chemin a voie étroite concédé, exploité par l'État [ne fait pas partie de l'Union allemande]

CHEMINS DE FER EXPLOITES PAR LES COMPAGNIES

EUTIN A LUBECK (Eutin).

Eutin a Lubeck . . . . kilom.   32

BIRKENFELD (1)

Birkenfeld (station) à Birkenfeld (ville)   5

ENSEMBLE POUR L'OLDENBOURG   378

BRUNSWICK

CHEMINS DE FER EXPLOITÉS PAR LES COMPAGNIES

BRUNSWICKOIS (Brunswick)

Oschersleben (Prusse) à Peine (par Wolfenbuttel et Brunswick) .	85
Helmstedt à Holtzminden (par Jerxheim et Kreiensen)	152
Wolfenbuttel à Harzbourg	33
Buddenstedt au Trendelbusch (2)	4
Seesen a Osterode	15
Brunswick a Helmstedt	39
Raccordement a Brunswick	3
Neuekrug a Langelsheim	10
Salzderhelden à Embeck	4
Grauhof à Goslar	5
Grauhof à Langelsheim	6
Vienenbourg a Goslar (3)	13

TOTAL   360

HALBERSTADT A BLANKENBOURG (Brunswick)

Halberstadt à Blankenbourg	19
Langestein à Derenbourg	6

TOTAL   25

ENSEMBLE POUR LE BRUNSWICK . . .   394

---

(1) Propriété de la ville de Birkenfeld.
(2) Service des marchandises
(3) Propriété de l'Etat prussien (direction de Hanovre).

SAXE-WEIMAR, GOTHA, COBOURG, MEININGEN, REUSS, LUBECK, ETC.

CHEMINS DE FER EXPLOITÉS PAR LES COMPAGNIES

EISENBERG A CROSSEN (Eisenberg)

Eisenberg à Crossen. . . . . kilom	8

FELDA (Dennbach)

Salzungen à Kaltennordheim (1)	39
Dorndorf à Vacha (1)	5
Total	44

FRIEDRICHRODA (Berlin)

Frottstedt à Friedrichroda (2)	9
Ilmenau à Gross-Breitenbach (par Gehren) (3).	19
Total	28

HOHENEBRA A EBELEBEN.

Hohenebra à Ebeleben.	9

RUHLA (Berlin)

Wutha à Ruhla (4).	7

SAALE (Iena)

Grossheringen à Saalfeld.	75
Schwarza à Blankenbourg	5
Total	80

WEIMAR A GERA (Weimar)

Weimar à Gera	69

WERRA (Meiningen).

Eisenach à Lichtenfels (Bavière) par Cobourg.	151
Cobourg à Sonneberg.	19
Wernshausen à Schmalkalden (Prusse) (5)	7
Total	177
Ensemble	422

(1) Propriété du grand-duché de Saxe-Weimar (Chemin à voie étroite).
(2) Propriété du duché de Saxe-Gotha.
(3) Propriété de la principauté de Schwartzbourg-Sondershausen
(4) Propriété des duchés de Saxe-Weimar et Gotha.
(5) Propriété de la ville de Schmalkalden.

ALSACE-LORRAINE

CHEMINS DE FER EXPLOITÉS PAR L'ÉTAT.

ALSACE LORRAINE ET LUXEMBOURG) (Strasbourg) (1)

Strasbourg a Bâle (Suisse) kilom.	141
Saint Louis (près Bâle) au Rhin (Huningue)	4
Mulhouse au Rhin (Eichwald)	18
Mulhouse à Vieux-Munster	30
Lutterbach à Wesserling	27
Sennheim a Sentheim	14
Bollwiller a Guebwiller	6
Colmar a Vieux-Brisach	21
Colmar a Munster	19
Schelestadt à Sainte-Marie-aux-Mines	21
Schelestadt à Saverne	65
Strasbourg (Kœnigshofen) a Rothau	42
Strasbourg (Kœnigshofen) a Kehl (Bade)	8
Strasbourg à Avricourt (Allemagne)	92
Avricourt à Beasdorf	35
Steinbourg a Schweighausen	34
Strasbourg a Lauterbourg	55
Vendenheim à Wissembourg	60
Haguenau a Beningen (par Sarreguemines)	106
Sarrebourg a Sarreguemines	54
Rieding a Sarraltdorf	3
Sarralbe a Chambrey par Château Salins	58
Burthecourt à Vic	3
Berthelmingen à Remilly	54
Metz a Styring	73
Beningen à Hargarten	19
Teterchem a Thionville	45
Courcelles à Teterchen	30
Teterchen à Bous	22
Wadgassen a Voelklingen	5
Metz a Novéant	16
Metz (Montigny) a Hettingue	47
Metz a Amanvillers	13
Thionville a Fentsch	19
Thionville à Sierck	22
Sentheim à Mas-Munster	5
Raccordement à Strasbourg	2
TOTAL	1,206

(1) Voir aux Pays-Bas (page 103.)

CHEMINS DE FER EXPLOITÉS PAR LES COMPAGNIES

LUTZELBOURG A PHALSBOURG (1)

Lutzelbourg à Phalsbourg . .   . . kilom   6

ENSEMBLE POUR L'ALSACE-LORRAINE 1.302

RÉSUMÉ DE L'ALLEMAGNE

Prusse	21,507
Bavière	5,013
Wurtemberg	1,553
Saxe	2,194
Bade	1,313
Hesse-Darmstadt	993
Mecklembourg	478
Oldenbourg	378
Brunswick	394
Saxe-Weimar, Gotha, Cobourg, Meiningen, Reuss, etc.	422
Alsace-Lorraine	1,302

ENSEMBLE POUR L'ALLEMAGNE   . . .   36 549

---

(1) Chemin de fer sur route.

AUTRICHE-HONGRIE

CHEMINS DE FER EXPLOITES PAR L'ETAT

CHEMINS IMPERIAUX ET ROYAUX DE L'ETAT AUTRICHIEN (Vienne)

DALMATIE

Spalato à Siverich . . . . kilom	83
Perkovic à Sebenico	22
TOTAL	10)

BOSNIE (CHEMIN MILITAIRE)

Bosna-Brod à Zemka	186
Doberlin a Banialuka.	102
Zemka a Serajewo	79
TOTAL	367

ISTRIE.

Divazza a Pola	122
Ganfanaro a Rovigno	21
TOTAL	143

OUEST.

Braunau a Steindorf (Straußswalchen) . .	87
Leobersdorf a Saint-Pœlten (chemin de la Basse-Autriche), .	7)
Leobersdorf a Gutenstein (id) .	31
Pœchlain a Gaming (Krienberg) (id) .	38
Scheibmuhl à Schrambach (id.) .	8
Nussdorf a Ebersdorf (chemin de la rive du Danube). . .	14
Tarvis a Pontafel	25
TOTAL	230

IMPERATRICE ELISABETH

Vienne a Saltzbourg	313
Wels à Passau (Bavière)	81
Penzing a Hetzendorf	6
Linz a Budweis	124
Saint-Valentin à Gaisbach-Wartberg	19
Saltzbourg a Wœrgl (par Bischofshofen).	192
A reporter	735

Report . . . kilom	735
Bischofshofen a Selzthal	98
Neumarkt à Simbach (Bavière)	58
Hetzendorf à Kaiser-Ebersdorf	20
Lambach à Gmunden (voie étroite). . .	28
Raccordement a Oberlaa (1)	1
TOTAL	940

EMPEREUR FRANÇOIS-JOSEPH

Vienne a Eger (par Gmünd, Budweis et Pilsen)	455
Gmund à Prague	183
Absdorf a Krems	34
Budweis à Wessely	36
Raccordements à Prague et a Smichow	7
Embranchement sur le Danube, à Vienne . . .	1
TOTAL	713

PRINCE HÉRITIER RODOLPHE

Saint-Valentin a Tarvis.	406
Kastenreith (Klein-Reifling) à Amstetten	44
Hieflau a Eisenerz	15
Saint-Michael a Leoben	11
Raccordement a St-Michael.	1
Launsdorf à Mœsel	24
Saint-Veit (Glandorf) à Klagenfourt	17
Raccordement a Villach	1
Tarvis à Laibach . . . . . ,	102
Steinach (Irdning) a Schærding	191
Mœsel a Huttenberg (2)	5
Zeltweg a Fohnsdorf (embranchement industriel) (3)	8
Holzleithen a Thomasroith	6
Raccordement à Ebensee	1
TOTAL	832

ARCHIDUC-ALBERT.

Lemberg a Stanislau (par Stryi)	183
Chyrow a Stryi (chemin du Dniester)	101
Drohobicz à Boryslaw (id.)	11
Tarnow a Leluchow	116
Dolina a Wygoda (4).	9
TOTAL	450

ARLBERG

Insbruck à Bludenz (par Landeck)	133

(1) Propriété de la Compagnie de Vienne-Aspang.
(2) Propriété de la Société des forges de Huttenberg.
(3) Compagnie spéciale.
(4) Chemin d'intérêt local.

TRANSVERSAL GALICIEN

Oswiecim a Podgorze .. . . kilom.	64
Gribow a Zagorz.	115
TOTAL	179

FRONTIERE MORAVE

Steinberg a Lichtenau.	95
Hohenstadt a Blauda.	7
Schœnberg à Zœptau.	8
TOTAL	110

VORARLBERG.

Bludentz à Lindau (Bavière)	68
Feldkirch à Buchs (Suisse).	18
Lautrach a St-Margarethen (Suisse)	9
Raccordement a Lautrach.	1
TOTAL	96

WŒCKLABRUCK

Wœcklabruck à Kammer	9

WITTMANNSDORF A EBENFOURTH.

Wittmannsdorf (Leobersdorf) a Ebenfourth (1).	14
Ebenfourth a Neufeld (2).	2
TOTAL	16

DUX A BODENBACH (TEPLITZ)

Bodenbach a Ladowitz (par Dux).	52
Ossegg à Komotau.	35
Raccordements a Bodenbach, à Ossegg et a Dux	2
TOTAL	89

PRAGUE A DUX (PRAGUE)

Prague (Smichow) a Klostergrub (par Brux)	141
Raccordement vers Brux.	1
Zlonitz à Hospozin (marchandises)	8
TOTAL. . . . . (3)	150

PILSEN A PRIESEN (PRAGUE).

Pilsen a Dux (Ladowitz).	151
Pilsen à Eisenstein	97
TOTAL . . . . (4)	248
ENSEMBLE	4,810

(1) Chemin privé d'intérêt local.
(2) Propriété de la Compagnie de Vienne-Pottendorf.
(3) Non compris la section d'Obernitz a Dux Ladowitz (12 kilomètres) sur laquelle le service est interrompu depuis le 1er janvier 1880
(4) Non compris les sections de Schaboegtuck a Priesen (10 kilomètres) et d Obernitz a Brux (6 kilomètres) sur lesquelles le service est interrompu depuis le 1er janvier 1880.

CHEMINS ROYAUX DE L'ÉTAT HONGROIS (Budapesth)

	kilom.
Budapesth a Ruttek (par Hatvan et Altsohl)	314
Steinbruck a Kelenfoeld	19
Raccordement à Steinbruck	1
Hatvan a Ujszasz	50
Altsohl a Neusohl	21
Gran-Bresnitz à Schemnitz (1)	23
Ujszasz a Predeal (Roumanie)(par Puspok-Ladany)	25
Raccordement a Szolnok	3
Szolnok à Czegled	27
Puspok-Ladany a Miskolcz	174
Kocsard a Maros-Vasarhely	59
Tœvis à Carlsbourg	16
Klein Kapus à Hermannstadt	45
Hatvan à Kaschau (par Miskolcz)	204
Vamos-Gyork a Gyöngyos	11
Fuzes Abony à Eilau	15
Miskolcz à Diosgyór (2)	7
Raccordement a Miskolcz	1
Alt-Miskolcz a Fulek (par Banrève)	93
Banrève a Dobschau	70
Feled a Theissholz	49
Szajol a Arad	143
Mezœtui a Szarvas	20
Zakany à Fiume (par Agram et Carlstadt)	329
Dalya à Bosna Brod	100
Raccordements a Esseg et Vukovar	3
Verpolje a Samac	20
Buda Pesth (Kelenfoeld) a Neu-Szœny	88
Bruck a Neu-Szœny (par Raab)	115
Rakos à Ujszasz	76
Sissek a Doberlin	48
Buda-Pesth a Belgrade (par Maria-Theresiopel et Semlin)	347
India à Mitrowitz	41
Kis Kœros a Kalocsa	30
Gyeres à Torda	9
Zakany a Battaszek (3)	166
Arad à Temesvar (4)	55
Grosswardein à Kronstadt	673
Transylvanien { Arad à Carlsbourg	211
Piski à Petrozsény	79
Raccordements a Maros et a Pétrozse y	2
Piski a Vajda-Hunyad (5)	15
Neusohl a Brezowa (5)	34
TOTAL	3,829

(1) Chemin à voie étroite (1 mètre).   (2) Service des marchandises.
(3) Chemin de Danube et Drave.   (4) Chemin d Arad a Temesvar
(5) Propriété de l'administration des forges de l'État hongrois.

CHEMINS DE FER EXPLOITÉS PAR LES COMPAGNIES

ALFOLD-FIUME (Budapesth)

Grosswardein à Esseg	kilom.	345
Esseg à Villany		44
Raccordements a Szegedin		4
TOTAL		393

ARAD A CZANAD (Arad).

Arad a Szœreg (par Mezœhegyes et Mako).	113
Mezœhegyes a Ketegyhaza	40
Ketegyhaza à Kis-Jenœ Erdœlhegy	27
TOTAL	180

ARAD-KOROESTHAL (Arad)

Arad a Borossebes-Buttyin.	99

AUSSIG A TEPLITZ (Teplitz).

Aussig à Komotau (par Teplitz et Dux)	64
Turmitz a Bilin	26
Dux a Schwatz.	4
Aussig a l'Elbe (1)	3
TOTAL	97

BANRÉVE A NADASD (Rimabrezo) (2)

Banreve à Nadasd.	28

BOTZEN A MERAN (Vienne)

Botzen a Meran	32

BUDA-PESTH A FUNFKIRCHEN (Budapesth)

Budapesth (Kelenfold) a Saint-Lœrincz.	106
Raccordement a Dombovar.	1
Ratszilas à Szegszaid	52
TOTAL	159

BUSCHTEHRAD (Prague).

Prague (Smichow) a Eger, par Priesen.	230
Prague (Bubna) a Hostiwitz	14
Wejhybka a Kralup (par Neu-Kladno)	25
Duby a Kladno	3
Luzna-Lischan a Rakonitz	9
Priesen a Weipert (par Komotau)	67
Krima-Neudorf a Reitzenhain (Saxe)	14
Komotau a Kaaden Brunnersdorf	11
A reporter	373

(1) Service spécial des marchandises.
(2) Ce chemin ne fait pas partie de l'Union allemande.

	Report. . . kilom	373
Tirschnitz a Franzensbad		3
Falkenau à Grashtz		24
Krupa a Kolleschowitz.		13

	TOTAL.	410

CENTRAL MORAVO-SILÉSIEN (Vienne)

Olmutz a Ziegenhals (Prusse) (par Jageindorf) . .	124
Jageindorf à Troppau	28
Kriegsdorf à Rœmerstadt (1)	14
Erbeisdorf à Wurhenthal. (1).	21

TOTAL.	187

CHARLES-LOUIS DE GALICIE (Vienne)

Ciacovie à Lemberg	342
Bieizanow à Wielczka et raccordement	5
Podletz à Niepolomice	5
Lemberg a Woloczyska (par Tarnopol)	196
Krasne à Radziwilow (par Brody)	53
Jaroslaw à Sokal	146

TOTAL	747

CHEMINS COMMERCIAUX DE BOHÊME (Prague).

Prague (Nussle) a Modian	13
Nimbourg a Gitschin	40
Kriwec a Kœnigstadtl	12
Kopidlno a Bakov (par Libau)	37
Kœniggratz a Wostromer	34
Sadowa a Smirlitz	11
Negveritz à Mirœschau.	20
Mirachau a Rokyeau.	8
Detenic a Dobrovitz	14

TOTAL. . . .	189

EMPEREUR FERDINAND DU NORD (Vienne)

Vienne à Cracovie.	412
Floridsdorf a Jedlersee.	2
Ganseindorf à Marchegg	17
Lundenbourg a Zellerndorf.	83
Lundenbourg à Brunn	60
Prerau à Olmutz	22
Schœnbrunn a Troppau	28
Dzieditz à Saybusch (par Bielitz)	32

A reporter	656

(1) Propriete de l'Etat.

Report. . . . . kilom.	656
Tzebinia a Mislowitz (Prusse)	28
Sczakowa a Granica	2
Raccordements a Vienne et a Sussenbrunn	2
Brunn a Sternberg (Nord-Moravo-Silesien) . . .	114
Nezamislitz à Prerau id	27
Ostrau a Friedland (1)	33
Ceinture de Vienne (de la gare du Nord a la douane centrale) (2).	2

TOTAL. 864

FUNFKIRCHEN A BARCS (Budapesth)

Funfkirchen (Uszóg) à Barcs 67

HIETZING A PERCHTOLSDORF (3).

Hietzing a Perchtaldsdorf 10

HONGRO-GALICIEN (Vienne).

Przemysl a Legenye-Mihalyi (par Lupkow) 266

KAHLENBERG (Vienne).

Nussdorf au plateau du Kahlenberg (4). 5

KASCHAU A ODERBERG (Budapesth).

Kaschau à Oderberg.	350
Abos a Eperies	17
Eperies à Orlo.	54
Orlo à Leluchow.	5

TOTAL 425

KREMS (Vallée de la) (Linz).

Linz a Micheldorf (par Kremsmunter) 55

---

(1) Compagnie spéciale

(2) Propriété des cinq Compagnies aboutissant a Vienne.

(3) Tramway a vapeur.

(4) Chemin de montagne (système du Rigi), ce chemin ne fait pas partie de l'Union allemande.

KREMSIER (Vienne)

Hullein a Zborowitz (par Kremsier) . . . . .kilom.	22
Hullein a Bistritz (par Holleschau	19
TOTAL	41

KUTTENBERG (1)

Sedletz Kuttenberg a Kuttenberg (ville).	

LEMBERG A CZERNOWITZ et JASSY (2) (Vienne)

Lemberg a Czernowitz.	267
Czernowitz à Suczawa.	90
Czernowitz à Nowoselitza (3)	31
TOTAL	388

MOHACS A FUNFKIRCHEN (4) (Vienne).

Mohacs à Funfkirchen (Uszog).	55
Uszog a Grube et a Szabolcs (marchandises)	13
TOTAL.	68

NEUTITSCHEIN (Neutitschein).

Zauchtl a Neutitschein	8

NORD-BOHÉMIEN (Prague).

Bakow a Ebersbach (par Rumbourg)	98
Rumbourg à Schluckenau	10
Kreibitz-Neudœrfl a Warnsdorf	11
Bodenbach à Tannenberg	40
Bensen à Leipa de Bohême	20
Embranchement sur l'Elbe à Tetschen.	1
Prague a Turnau	104
Kralup a Neratowitz.	16
TOTAL.	300

NORD-EST HONGROIS (Budapesth).

Szelencs à Marmaros Szigeth	243
Debreczin a Fualyhaza..	149
A reporter. . . .	392

---

(1) Chemin d'intérêt local
(2) Voir la Roumanie (page 108)
(3) Compagnie spéciale.
(4) Propriete de la Compagnie de Navigation a vapeur du Danube.

	kilom.	
Report.		392
Satoraljja- à Kaschau		84
Batyu à Munkacs		26
Nyiregyhaza à Csap et Unghvar		93
Raccordement a Ujhely.		1
Szathmar à Nagybanya (1).		56
TOTAL		632

NORD-OUEST AUTRICHIEN (Vienne).

Vienne à Jungbunzlau.	352
Zellerndorf a Siegmundsherberg (Horn).	18
Deutschbrod à Rossitz.	92
Gross Wossek a Parschnitz	128
Wostromer à Jitschin	17
Pelsdorf a Hohenelbe	4
Trautenau à Freiheit	10
Korneubourg au Danube.	2
Nimbourg à Tetschen (par Aussig)	136
Tetschen à Laube.	2
Lissa à Prague	34
Chlumetz a Mittelwalde (Prusse)	119
Geiersberg a Wildenschwert	14
Raccordement a Aussig	1
Pardubitz a Tschernhausen (Prusse) par Reichenberg (2)	202
Josefstadt à Liebau (Prusse) (2).	64
Eisenbrod à Tannwald (2)	17
TOTAL.	1,212

OUEST BOHÉMIEN (Vienne)

Prague à Furth (Bavière).	191
Chrast à Radnitz (Ober-Stupno)	10
TOTAL.	201

OUEST HONGROIS (Budapest).

Stuhlweissenbourg à Gratz (par Steinamanger)	303
Kis-Czell (Klein-Zell) à Raab	70
TOTAL	373

(1) Compagnie spéciale.
(2) Propriété de la Cie jonction Sud-Nord de l'Allemagne.

PUSZTAFŒLDVAR A BEKES (1).

Pusztafœldvar à Bekes . . . . kilom   7

RAAB A OEDENBOURG ET EBENFOURT (Budapest).

Raab a Oedenbourg   5,
Oedenbourg a Neufeld.   30
Raccordemement a Raab   1
Raccordement a Oedenbourg   1

TOTAL.   117

SCHWABENBERG (Budapest) (1)

Ofen a Schwabenberg   3

SOCIETÉ DES CHEMINS DE L'ÉTAT (Vienne .

Brünn à Bodenbach (par Trubau de Bohême)   384
Trubau (de Bohême) a Olmutz   86
Chotzen a Ottendorf (par Halbstadt).   103
Wenzelsberg à Starkoc.   2
Poritschau a Sadska   6
Sadska a Nimbourg-Vellehb   12
Kralup à Welwam.   10
Minkowitz a Svolenoves   8
Prolouc a Prakowitz.   18
Tasowitz a kalkpodol   2
Lobositz a Libochowitz   14
Chotzen a Leitomischl   22
Lobositz a l Elbe.   3
Pacek a Zasmuk . . . . • . .   20
Lositz à Kaurim   3
Bositz a Swojsitz   2
Murchegg a Bazias (par Pesth)   653
Jassenova a Steyerdorf (Anina)   71
Temesvar à Verciorova (par Orsova)   193
Vienne à Bruck.   40
Vienne à Strélitz (Brunn)   142
Stadlau a Marchegg   34
Neusiedl a Grussbach (2).   8
Grussbach a Znaim   25
Embranchement de l'abattoir.   3

A reporter.   1,864

	Report. . . . . . kilom.	1,864
Raccordements à Brunn, à Prague, à Aussig, a Szegedin, à Rakos, a Halbstadt, à Stadlau, etc.		11
Valkany à Perjamos		43
Chemin de la Waag. { Presbourg à Trentschin		121
Trentschin à Sillein		81
Ratzersdorf à Weinern		4
Tyrnau a Szered		14
Szered à Galantha		11
Voitek à Bogsan et Resicza		47
Tot-Megyer à Nagy-Surany		8
Nagy-Surany à Neutra		27
Neutra a Tapolesany		34
Hradisch à Brod (Hongrie)		23
Gross-Kikinda a Gross-Becskerek (1)		70
Brunn à Rossitz et Segen-Gottes		23
Segen-Gottes à Zbeschau-Oslavan		6
Nagy-Tapolesany à Belicz		16
Schwechat a Mannersdorf (1)		29
Bisenz-Pisek à Gaya (1)		18
	TOTAL	2,450

SOCIÉTÉ DES CHEMINS D'INTÉRÊT LOCAL (Prague)

Caslau à Zawratetz Tremosnitz	17
Skowitz à Wrdy-Bucitz	3
Caslau à Mokowitz	4
Chodau à Neudek	14
Smidar à Hochwessely	8
Kœnigshain a Schatzlar	6
Kaschitz a Schœnhof	4
Schœnhof à Radonitz	12
Celakowitz à Brandeis et embranchements	10
Celakowitz à Mokow (marchandises)	4
Ollmutz à Czellechowitz	34
Leipa (Bohême) a Niemas	18
Neusattel à Elbogen (2)	5
TOTAL	139

STAUDING A STRAMBERG.

Stauding à Stramberg	18

(1) Compagnie spéciale.
(2) Entreprise spéciale.

3

SUD DE L'AUTRICHE (Vienne).

Vienne à Trieste . . . . kilom.	577
Nabresina à Cormóns.	47
Mœdling à Laxenbourg	5
Neustadt (près Vienne) à Oedenbourg.	32
Bruck à Leoben	17
Leoben à Vordernberg (1).	15
Marbourg à Franzensfeste (par Villach).	374
Steinbruck à Sissek et Galdovo.	128
Saint-Peter a Fiume	54
Ceinture de Vienne (2) de la gare du Sud à la Douane (centrale) .	5
Vienne (Mœdling) à Neustadt (par Pottendorf) (3).	51
Raccordement à Inzersdorf (3)	2
Pottendorf à Grammat-Neusiedl (3).	13
Gratz à Kœflach (4)	40
Lieboch à Wies (4).	51
Pragerhof à Ofen.	330
Stuhlweissenbourg a Neu-Szœny	80
Œdenbourg à Kanizsa	165
Kanizsa (Keresztur) a Barcs	71
Kufstein à Ala (Tyrol)	295
Raccordements à Nabresina, à Marbourg et à Pragerhof.	8
Liesing à Kaltenlentengeben.	7
Mœdling à Vorderbruhl (chemin électrique).	3
Unterdraubourg à Volfsberg (5)	38
Murzzuschlag a Neuberg (5)	11
Guns à Steinamanger (1).	18
TOTAL. 2,432

SZAMOS (vallée de) (Dées).

Apahida a Dées	47

VIENNE A ASPANG (Vienne).

Vienne à Aspang.	85
Central-Friedhof a Klein-Schwechat	4
TOTAL.	89
ENSEMBLE POUR L'AUTRICHE	21,369

(1) Compagnie spéciale.
(2) Propriete des cinq Compagnies aboutissant à Vienne.
(3) Compagnie de Vienne-Pottendorf Neustadt.
(4) Compagnie de Gratz à Kœflach.
(5) Propriété de l'Etat.

BELGIQUE

CHEMINS DE FER EXPLOITÉS PAR L'ÉTAT

CHEMIN DE L'ÉTAT BELGE (Bruxelles).

LIGNES CONSTRUITES PAR L'ÉTAT.

Autaing a la frontière française, vers St-Amand. . . . . . . .kilom.	9
Anvers à Douai. . . { Alost à Londerzeel	21
Termonde à Boom (par Puers)	21
Ath à Saint-Ghislain.	49
Athus à la Meuse. { Athus à Gédinne.	95
Signeulx à Gorcy	1
Avelghem à Herseaux-Estaimpuis.	15
Bastogne à Gouvy : Bastogne à Limerle	24
Battice à Aubel.	10
Beaumont à Chimay.	30
Blaton à Ath.	18
Boom à Hoboken	10
Braine-le-Comte à Courtrai { Bassilly à Lessines	8
Lessines à Renaix.	19
Braine-le-Comte à la frontière française, vers Valenciennes	50
Bruxelles a Anvers et embranchements (1).	59
Bruxelles a Louvain (par Cortenbergh)	24
Bruxelles à Luttre	38
Bruxelles à Namur (par Braine-le-Comte et Charleroi) (2).	110
Bruxelles (Etterbeck) à Terneren	12
Bruxelles (Ceinture de)	9
Charleroi (Ceinture de) { Jumet-Brûlotte à Vieux-Campinaire et raccordements.	8
Jumet à Marcinelle..	5
Contich à Lierre.	7
Couillet à Jamioulx	7
Dour a la frontière française vers Cambrai.	11
Frameries à Chimay et extensions . . { Courcelles à Gosselies et à Jumet	7
Courcelles à Luttre.	8
Buvrinnes-Mont à Faurœulx.	5
Raccordements de Buvrinnes et de Peissant (3)	6
A reporter	666

(1) Y compris 9 kilomètres affectés au service spécial des marchandises.
(2) — 1 — — —
(3) — 2 — — —

LIGNES RACHETÉES PAR L'ÉTAT.

(1) Y compris 7 kilomètres affectés au service spécial des marchandises.
(2)   —   2   —   —   —   —   —
(3)   —   2   —   —   —   —   —

			Report. . . . . kilom.	1 877
			Anvers à Boom et raccordement, vers Contich)	
			Alost à Burst (1) . . . . }	24
			Baume a Marchiennes et raccordements (2) .	30
			Blaton à Bernissart.	4
			Ceinture de Charleroi (Lambusart a Gilly,	
			Noir-Dieu aux Haies et raccordements) (3)	11
			Denderleeuw à Courtrai . .	60
			Braussines à Erquelinnes	30
			Piéton à Leval	5
			Embranchements houillers .	6

Réseau des bassins houillers du Hainaut. . . . . . .

Frameries a Chimay et extensions.	Berzée à Beaumont . . .	18
	Piéton à Buvrinnes-Mont. . .	9

Frameries a Saint-Ghislain et à Dour (Dour a Monceau, a Thulin et à Quiévrain) (4) . . .	27
Houdeng a Soignies	13
Lignes du Haut et du Bas-Flénu et de Saint-Ghislain (5).	54

Luttre à Châtelineau	Luttre à Gosselies (ville).	5
	Gilly à Châtelineau. . .	3

Manage à Piéton (6).	9
Bascoup-Chapelle à Trazegnies (7). . . .	6
Manage à Wavre.	41
Mons à Ciply et à Bonne-Espérance. . .	18
Nivelles à Fleurus	17
Péruwelz à la frontière française, vers Anzin	2
Piéton à Trazegnies et a Courcelles (8) .	36
Quenast à Tubise.	7
Renaix a Courtrai	27
Saint-Ghislain vers Gand (par Leuze)	75
Tournai à Bazècles	22
Tamines à Landen	58
Tirlemont à Namur (par Ramillies) .	43

Réseau des Flandres.

Bruges a Blankenberghe et a Heyst . .	21
Lichtervelde à Furnes et à la frontière française	42

Nord de Gand . . .	Eecloo à Lokeren (par Assenede et Selzaete)	42
	Mœrbeke à Saint-Gilles-Waes. .	14

	A reporter.	2,656

(1) Y compris 3 kilometres affectes au service général des marchandises.
(2) — 11 — — — —
(3) — 2 — — — —
(4) — 5 — — — —
(5) — 45 — — — —
(6) — 51 — — — —
(7) — 2 — — — —
(8) — 24 — — — —

	Report. . . . . . . kilom.	2,656
	Ostende à Ypres	53
Réseau des Flandres.	Comines à Armentières (France).	14
	Ouest de la\ Auseghem à Ingelmunster. . .	24
	Belgique .(Dixmude à Nieuport	16
Saint-Ghislain à Erbisœul		9

LIGNES CONCEDÉES, EXPLOITLES PAR L'ETAT.

Braine-le-Comte à Gand (1).	56
Hal à Ath (2) . . . . . . , ...	37
Tournai à la frontière française (par Blandain) (2)	7
Landen à Ciney (par Huy) (3)	74
Welkenraedt à la frontière prussienne (par Bleyberg) (4)	19
Spa a la frontière du grand duché de Luxembourg (5)	55
Chénée à Verviers (par Battice) et embranchement (6).	34
Tournai à Jurbise (7).	42
TOTAL	3,096

CHEMINS DE FER EXPLOITÉS PAR LES COMPAGNIES

ANVERS A GAND (Bruxelles).

Anvers à Gand (par Saint-Nicolas et Lokeren)	49

CHIMAY (Chimay).

Hastière à Anor (France).	65

FLANDRE OCCIDENTALE (Bruges).

Bruges à Courtrai	52
Courtrai à Poperinghe	44
Poperinghe à Hazebrouck (France) . . . . . . , .	21
Ingelmunster à Deynze (par Thielt).	25
Roulers à Ypres	22
TOTAL	164

---

(1) Propriété de la Compagnie de Braine-le-Comte à Gand.
(2) Propriété de la Compagnie de Bruxelles vers Lille et Calais
(3) Propriété de la Compagnie Hesbaye-Condroz.
(4) Propriété de la Compagnie Jonction Belge Prussienne.
(5) Propriété de la Compagnie du Guillaume-Luxembourg (Pays-Bas).
(6) Propriété de la Compagnie des Plateaux-de-Hervé.
(7) Propriété de la Compagnie de Tournai à Jurbise et de Landen à Hasselt.

GAND A BRUGES (Gand).

Gand à Bruges (par Eecloo) . . . . kilom. 47

GAND A TERNEUZEN (Gand).

Gand à Terneuzen (Hollande). 41

GRAND CENTRAL BELGE (Bruxelles).

Anvers à Gladbach (Prusse) (1). 142
Charleroi à Vireux (France) (2). 4
Embranchements de Couvin, de Florennes, de Laneffe, de Morialm
  et de Philippeville (2) . . . .
Louvain a Givet (France) (3) 118
Fodelinsart à Marcinelle et embranchements industriels (3). 15
Landen a Hasselt (4). 28
Aerschot à Aix-la Chapelle (Prusse) (5). 104
Anvers à Louvain (6) 58
Aerschot à Herenthals (6) 22
Turnhout à Tilbourg (Hollande)(6) 31

                            TOTAL 625

HASSELT A MAESEYCK (Maeseyck).

Hasselt à Maeseyck 41

LIÉGE A MAESTRICHT (Bruxelles).

Liége à Maestricht (Hollande). 29

LIÉGEOIS-LIMBOURGEOIS (7) (Bruxelles).

Liége (Vivegnies) à Hasselt et raccordement 53
Hasselt à Eindhoven (Hollande). 60
Liers à Flemalle et embranchements. 24

                            TOTAL 137

MALINES A TERNEUZEN (St-Nicolas).

Malines (Hombeek) à Terneuzen (Hollande). 67

(1) Propriéte de la Compagnie d'Anvers à Gladbach.
(2) Propriété de la Compagnie d'Entre-Sambre-et-Meuse.
(3) Propriete de la Compagnie de l'Est belge.
(4) Propriéte de la Compagnie de Tournai à Jurbise et de Landen à Hasselt.
(5) Propriété de la Compagnie prussienne d'Aix la-Chapelle à Maestricht et Hass.
(6) Propriété de la Compagnie du Nord de la Belgique
(7) Exploité par la Société d'exploitation des chemins de fer de l'État neerlandais
voir Pays-Bas, page 103).

NORD BELGE (Paris) (1).

Charleroi à Erquelines	. . . . kilom.	27
Liége a Givet France) par Namur		124
Mons à Hautmont (France) .	.	24
	TOTAL . .	175

TAVIERS A EMBRESIN (2).

Taviers a Embresin	.	9

TERMONDE A ST-NICOLAS (St-Nicolas).

Termonde à St-Nicolas	.	22
	ENSEMBLE POUR LA BELGIQUE. .	4,573

.

.

---

(1) Propriété de la Compagnie française du Nord.
(2) Chemin d'intérêt local.

DANEMARK

CHEMINS DE FER EXPLOITÉS PAR L'ÉTAT

ÉTAT DANOIS : JUTLAND ET FIONIE (Aarhus).

JUTLAND

Farris (frontière du Schlesswig) a Aalborg (par Aarhus et Langaa). kil.	293
Aalborg à Frédérickshavn (par Norre Sundby)	84
Langaa à Struer (par Viborg et Skive)	120
Struer a Esbierg (par Holstebro et Varde)	131
Esbierg à Lunderskov (par Varde et Esbierg)	56
Bramminge a Ribe	16
Skanderborg à Silkeborg	31
Silkeborg a Herning	41
Herning a Skiern	41
Aarhus à Ryomgard	38
Randers à Grenaa	64
Struer à Oddessund (sud)	11
Oddessund (nord) a Thisted	61
Skive à Glyngore	20

FIONIE

Nyborg à Middelfart	79
Middelfart à Strib	4
Temmerup a Assens	29
Total . . .	1,128

SEELAND (Copenhague).

Copenhague (a Halskow par Korsœr)	115
Copenhague à Elseneur	60
Hellerup à Klampenborg	6
Rœskilde à Masnedo	92
Rœskilde a Kallundborg . . .	79
Frederiksberg à Frederikssund . . .	38
Embranchement du port de Copenhague	3
Total . .	393

CHEMINS DE FER EXPLOITÉS PAR LES COMPAGNIES

EST DE SEELAND (Copenhague).

Kiœge à Faxe. . . .   . kilom.   25
Haarlev à Rodvig   19

TOTAL.   44

GRIBSKOW (Copenhague).

Hillerod à Graested (1).   20

HADSHERRED (Odder).

Aarhus à Hov   36

HORSENS A JUELSMINDE (Horsens).

Horsens à Juelsminde   31

LOLLAND ET FALSTER (Copenhague).

Orehoved à Nakskov.   73
Maribœ à Rœdby   14
Maribœ à Banholm (2).   7

TOTAL   94

NORD DE FIONIE (Odense).

Odense à Bogense   38

RANDERS A HADSUND (Randers)

Randers à Hadsund. _   41

SUD DE FIONIE (Odense).

Odense à Svendborg.   47
Ringe a Faaboeg (3).   30

TOTAL.   77

WEMB-LEMVIG (Lemvig)

Wemb à Lemvig.   29

ENSEMBLE POUR LE DANEMARK.. . . . 1,931

---

(1) Système Rowan.
(2) Compagnie spéciale.
(3) Propriété de l'État.

ESPAGNE.

CHEMINS DE FER EXPLOITES PAR LES COMPAGNIES

ALMANSA A VALENCE ET TARRAGONE (Madrid).

Almansa (la Encina) à Valence. . . . . kilom.	133
Valence a Tarragone	272
Embranchement du port de Valence	2
Carcagente à Gaudia.	35
Total	442

ANDALOUS (Madrid).

Cordone à Malaga.	192
Campillos (Bobadilla) à Grenade . . . . , ...	123
Jaen à Menjibar.	32
Séville à Xérès et au Trocadero	137
Puerto-Real à Cadix.	28
Utrera à Moron	35
Utrera (bif.) à Osuna	58
Osuna à La Roda	35
Xerès à San-Lucar de Baracueda.	25
Ecija à Marchena	44
Cordone a Belmez.	71
Alicante a Murcie. . . . . }	
Elche à Novelda . . . . }	109
Dolores a Torrevieja . . . . }	
Total.	889

ASTURIES, GALICE ET LÉON (Madrid).

Palencia à Ponferrada	251
Ponferrada à la Corogne	296
Léon à Gijon.	172
Oviedo à Trubia.	14
Toral de los Vados a Villafranca del Vierzo.	9
Total.	742

BILBAO A DURANGO (Bilbao).

Bilbao à Durango	33

BUITRON ET HUELVA (Huelva).

Buitron à San-Juan-del-Puerto (Huelva). .   . kilom.   49

CUENCA A VALENCE ET TERNEL (Valence).

Biserol à Valence.   42

ECONOMIQUES (Compagnie des chemins de fer).

Mollet à Caldas de Montbuy   13

GALDAMÈS A SEXTAO (Bilbao).

Galdames à Sextao   21

GAUDIA A DENIA.

Gandia à Denia   30

GRANOLLERS A SAN JUAN DE LAS ABADESAS
(Barcelone).

Granollers à San-Juan-de-las-Abadesas.   .   85

LANGREO EN ASTURIES (Madrid).

Sama de Langreo à Gijon .   .   39
Sama de Langreo a la Oscura   4

TOTAL .   .   43

LA UNION A SAN GINES (Carthagène)

La Union (ancienne gare) à la nouvelle gare (dite du marché) . .   4

LÉRIDA A REUS ET TARRAGONE (Madrid).

Lerida à Tarragone (par Reus). .   102

LUCHANA AU REGATO

Luchana au Regato   11

MADRID A CACERÉS ET A LA FRONTIÈRE DE PORTUGAL
(Madrid)

Madrid a Malpartida de Plasencia.   241
Malpartida de Placencia à Cacerès   97
Cacerès (Arroyo) à la frontière de Portugal.   . .   85

TOTAL   423

MADRID A SARAGOSSE ET A ALICANTE (Madrid).

Madrid à Saragosse . . . . kilom.	341
Madrid à Alicante.	456
Castillejo à Tolède.	26
Albacète à Carthagène.	246
Madrid à Ciudad-Real	170
Alcazar-de-San-Juan à Ciudad-Real	114
Manzanarès à Cordoue..	244
Vadollano à Linarès et aux Salines.	17
Cordoue à Séville	130
Carmone (station) à Carmone (ville)	13
Séville a Huelva.	109
Merida à Séville.	202
Ciudad-Real à Badajoz	342
Belmez à Almorchon.	63
Mérida (Pont d'Aljacen) à Caceres	65
Aranjuez à Cuenca.	152
TOTAL 2,690

MADRID ET SARAGOSSE A BARCELONE (Madrid).

Saragosse à La Puebla de Hijar (Val de Zafau)	69
Picamoissons à Barcelone (par Vals et Villanueva de Geltru) . . .	97
TOTAL 166

MAYORQUE (Palma).

Palma à Inca.	29
Inca a Manacoi	34
Embranchement de la Puebla.	13
TOTAL 76

MÉDINA-DEL-CAMPO A SALAMANQUE (Madrid).

Médina-del-Campo à Salamanque	77

MEDINA-DEL-CAMPO A ZAMORA ET ORENSE A VIGO (Madrid).

Médina-del-Campo à Zamora	90
Orense à Vigo	132
Redoudela à Pontevedra	19
Guillarey au pont de Minho (frontiere de Portugal).	5
TOTAL 246

NORD DE L'ESPAGNE (Madrid)

Madrid à la frontière française (par Irun). . . . . kilom.	639
Chemin de ceinture de Madrid	7
Ségovie à Médina del Campo.	90
San-Isidro-de-Duenas à Alar-del-Rey	91
Alar-del-Rey à Santander.	138
Quintanilla-de-las-Torres à Orbo	13
Tudela (Castejon) à Bilbao.	249
Saragosse à Alsasua	218
Raccordement à Saragosse.	4
Saragosse à Barcelone.	360
Tardienta à Huesca	22
Villalba aux carrières de Berrocal (voie étroite).	11

TOTAL **1,848**

ORCONERA

Orconera à Luchana. 9

REOCIN (Mines de).

Saint-Martin des Arènes aux Mines de Reocin 8

RIOTINTO (Mines de).

Huelva (San Juan del Puerto) aux mines de Riotinto (par Valverde). 3

SANTIAGO AU CARRIL (Santiago).

Santiago (St-Jacques-de-Compostelle) au Carril 41

SARRIA A BARCELONE (Barcelone).

Barcelone à Sarria. 5

SELGUA A BARBASTRO

Selgua à Barbastro 19

SEVILLE A ALCALA ET CARMONE.

Séville à Carmone (par Alcala). 42

SILLA A CULLERA

Silla à Cullera. 25

TARRAGONE A BARCELONE ET A LA FRANCE (Barcelone)

Tarragone à Barcelone (par Martorell)	104
Barcelone à Port-Bou, frontière française (par Girone)	168
Barcelone à la Rambla-de-Santa-Coloma (par Mataro)	75

TOTAL 347

THARSIS (Londres) (1).

Tharsis à l'Odiel . . . . kilom. 46

TRIANO (Mines de) A LA RÍA DE BILBAO (Bilbao).

Triano a Desierto. 7

VILLENA A ALCOY

Villena à Banezas 25

ENSEMBLE POUR L'ESPAGNE. . 8,609

---

(1) Propriété de la Compagnie anglaise des Houillères de Tharsis.

FRANCE

Nota. — Les lignes a double voie sont marquees du signe =.

CHEMINS DE FER EXPLOITÉS PAR L'ÉTAT

ADMINISTRATION DES CHEMINS DE L'ÉTAT (Paris).

Ancien reseau.

La Roche-sur-Yon à La Rochelle. . . . . kilom.		103
Embranchement du port de Luçon.		2
La Rochelle à Rochefort		29
Rochefort à Angouléme.{ Rochefort à Beillant — . . . 54 } { Beillant à Angouléme . 68 }		122
Taillebourg à Saint-Jean-d'Angely		18
Saint-Jean-d'Angély à Niort.		48
Saintes (Beillant) à Coutras.{ Beillant à Pons = . . . 14 } { Pons à Coutras . . . . 85 }		99
Saint-Mariens à Blaye et raccordement.		25
Tours aux Sables-d'Olonne.		245
Embranchement du port de Marans		2
Poitiers (Le Grand-Pont) à Saumur		98
Neuville à Parthenay.		39
Angers à Montreuil-Bellay . . .		63
Nantes à La Roche-sur-Yon (par Machecoul) . .		110
Sainte-Pazanne à Paimbœuf		31
Saint-Hilaire à Pornic.		25
Commequiers à Saint-Gilles-Croix-de-Vie.		13
Orléans a Chaitres.		72
Chartres à Brou . .		36
Chaitres à Auneau . .		22
Brou à Courtalain		17
Patay à Courtalain.		46
Thouarcé-Faye a Chalonnes.		26
Total		1,291

Lignes reprises à la Compagnie d'Orleans.

Nantes à La Roche-sur-Yon		75
Niort à La Possonniere.		167
Saint-Benoist à La Rochelle et à Rochefort.		158
Château-du-Loir à Saint-Calais.		44
Total.		444

Lignes nouvelles.

Velluire à Fontenay-le-Comte. . . . . kilom.	11
Fontenay-le-Comte a Bénet.	19
Pons à la Tremblade.	61
Saujon à Royan	8
Vendôme a Pont-de-Braye. .	31
Vendôme à Blois.	33
Cholet à Clisson. .	38
L'Ile Bouchard à Port-Boulet . . .	28
Niort a Montreuil-Bellay	104
Saint-Laurent de la Pree à la pointe de la Fumée	8
Barbezieux a Châteauneuf (1)	18
TOTAL	359
ENSEMBLE	2,094

CHEMINS DE FER EXPLOITÉS PAR LES COMPAGNIES

ACHIET A BAPAUME (Paris)

Achiet à Bapaume (1)	7
Bapaume à Marcoing (1)	24
TOTAL	31

ALAIS AU RHONE (Paris).

Alais au Pont-l'Ardoise.	58
Laudun l'Ardoise au Pont-l'Ardoise	1
TOTAL	59

ANVIN VERS CALAIS

Anvin à Saint-Pierre-lez-Calais (1)	94

BALLON A ANTOIGNÉ

Montbizot à Antoigné (1)	3

BANLIEUE SUD ET VIEUX PORT DE MARSEILLE (Paris)

Embranchement du Vieux Port de Marseille = ...	3

BAYONNE A BIARRITZ (Bayonne)

Bayonne à Anglet-Biarritz (1).	8

(1) Lignes d'intérêt local.

BEAUMONT-PERSAN A HERMES

Beaumont-Persan à Hermes (1). . . . . kilom.   31

BOISLEUX A MARQUION

Boisleux à Marquion (1)   26

BOUCHES-DU-RHONE (Marseille)

Tarascon à Saint-Remy (1).   15
Le Pas-des-Lanciers à Martigues (1)   19
Arles aux Carrières de Fontvieille (1).   10

                         TOTAL   44

BRIOUZE A LA FERTÉ-MACÉ

Briouze à la Ferté-Mace (1)   14

CAEN A LA MER

Caen à Courseulles et raccordement (1)   28

CEINTURE DE PARIS (rive droite)

Les Batignolles à Bercy et raccordements = ...   17
Embranchement du marché aux bestiaux de La Villette = ...   3

                         TOTAL   20

CHAUNY A SAINT-GOBAIN (St-Gobain)

Chauny à Saint-Gobain   15

COURS A SAINT-VICTOR

Cours à Saint-Victor (1).   13

CRÉCY-MORTIERS A LA FÈRE

Crécy-Mortiers à La Fère (1).   21

ÉCONOMIQUES (Société générale des chemins de fer) (Paris)

Arès à Facture (1).   21
Facture à Saint-Symphorien (1).   50

                         TOTAL.   71

ENGHIEN A MONTMORENCY (Paris)

Enghien à Montmorency.   3

---

(1) Lignes d'intérêt local.

EST (Paris)

Ancien réseau

Paris à la frontière allemande (par Avricourt) = ... kilom.	410
Epernay à Reims = ...	30
Châlons-sur-Marne à Mourmelon = ...	25
Frouard à Pagny-sur-Moselle et à la frontière allemande = . . .	32
Vezelise à Mirecourt = ...	24
Is-sur-Tille a Chalindrey = ...	43
Paris (Bastille) a Vincennes et Boissy-Saint-Leger et raccordement =	22
Boissy-Saint-Léger à Brie-Comte-Robert.	15

TOTAL DE L'ANCIEN RÉSEAU	601

Nouveau réseau

Paris à la frontière allemande (par Belfort et Chèvremont) = . .	446
Gretz-Armainvilliers à Coulommiers.	33
Coulommiers a la Ferté-Gaucher.	19
Longueville à Provins	7
Flamboin-Gouaix a Montereau = ...	28
Troyes à Bar-sur-Seine.	29
Bar-sur-Seine à Châtillon-sur-Seine (Sainte-Colombe).	32
Châtillon-sur-Seine à Is-sur-Tille.	70
Recoy-sur-Ource à Langres.	30
Châtillon-sur-Seine à Bricon = ...	43
Jessains a Eclaron = ...	53
Chaumont (Bologne) à Pagny-sur-Meuse=	95
Langres (gare) à Langres (ville)	6
Blesme à Gray. . . { Blesme à Chaumont= . . . . 86 } { Chalindrey a Gray . . . . 45 }	131
Bavigny à Vouziers (Challerange) = ...	67
Vitrey à Bourbonne-les-Bains	15
Blainville à Gray = ...	176
Champigneulles à Jarville (1)	7
Aillevillers à Lure = ...	31
Aillevillers à Faymont (Val d'Ajol)	17
Aillevillers à Plombières	11
Epinal a Neufchâteau=	76
Epinal à Remiremont	24
Remiremont à Saint-Maurice	29
Belfort à Morvillars (vers Porrentruy)	12
Lunéville à Saint-Dié.	50
Reims à la frontière allemande (par Batilly). { Reims a Mourmelon et raccord¹ =. . 29 } { Saint-Hilaire-au-Temple a Verdun =. 00 } { Verdun à la frontière . . . . 53 }	173

À reporter	1,718

(1) Chemin de ceinture de Nancy.

Report. . . . . . . kilom.		1,718
Reims à Soissons = ...		54
Reims à Laon = ...		51
Reims à Charleville-Mézières =		87
Charleville-Mézières à Givet =		64
Charleville-Mézières à Sedan et raccordement =		19
Charleville-Mézières à Hirson.		53
Sedan à la frontière allemande { Sedan à Longuyon =	70	
(par Audun-le-Roman). { Longuyon à la frontière . .	31	101
Velosnes à la frontière belge, vers Virton, et raccordement . .		3
Longuyon à la frontière belge (par Longwy) =		24
Longuyon à Pagny-sur-Moselle . . .		70
Longwy-Bas à Villerupt . .		18
Conflans-Jarny à Briey		14
Embranchement de la vallée de l'Orne. . .		4
Onville à Thiaucourt.		11

TOTAL DU NOUVEAU RÉSEAU. 2,290

Lignes comprises dans la convention du 11 juin 1883.

Bas-Evette à Giromagny.		7
Lerouville à Sedan (Pont-Maugis) = .		149
Lunéville à Gerbeviller.		10
Pompey à Nomeny.		22
Sens à Troyes et à Châlons = .		160
Merrey à Neufchâteau		38
Nançois-le-Petit à Gondrecourt. .		35
Gondrecourt à Neufchâteau. .		32
Mirecourt à Chalindrey		88
Andilly à Langres		17
Bondy à Aulnay-lez-Bondy . . .		8
Arches à Laveline et embranchements . . .		72
Amagne à Apremont { Amagne à Challerange = . . . 40		
{ Challerange à Apremont 25		65
Toul à Colombey		22
Colombey à Frenelle-la-Grande. . .		30
Baccarat à Badonviller. . .		14

TOTAL. 769

Lignes d'intérêt local appartenant à la Compagnie de l'Est.

Pont-Maugis à Raucourt. .	7
Remiremont à Cornimont.	21

TOTAL. 28

Lignes exploitées par la Compagnie de l'Est et appartenant à d'autres Compagnies.

Carignan à Messempré (1) . . . . kilom.	6
Vrigne-Meuse à Vrigne-aux-Bois (1)	5
Embranchement de Monthermé (1).	4
Epernay (Oiry) à Romilly (2).	84
Bazancourt à Bétheniville (2)	17
Nancy à Vézelise et embranchement du canal de la Marne au Rhin (2) =	35
Avricourt à Cirey (1).	18
Nancy à Chambrey (frontière allemande), vers Château-Salins (2) .	24
Rambervillers à Charmes (1).	28

Saint-Dizier à Vassy (2){	St-Dizier à Eclaron =.	11	22
	Eclaron à Vassy. .	11	

Vassy à Doulevant-le-Château (2)	16

TOTAL. 259

TOTAL DU RÉSEAU DE L'EST . 3,947

EST DE LYON

Lyon à Saint-Genix-d'Aoste (1).	72
Sablonnières à Montalieu-Vercieu (1)	18

TOTAL. 90

GRANDE CEINTURE DE PARIS (Paris)

Versailles-Chantiers à Versailles-Matelots (3)	»	
Versailles-Matelots à Achères =.	25	
Achères à Sartrouville (3).	»	
Sartrouville à Noisy-le-Sec = ...	29	
Noisy-le-Sec à Nogent-sur-Marne (4)	»	
Nogent-sur-Marne à Champigny =.	3	90
Champigny à Sucy-en-Brie (4) =.	»	
Sucy-en-Brie à Villeneuve-Saint-Georges =. . .	8	
Villeneuve Saint-Georges à Juvisy (5).	»	
Juvisy à Savigny-sur-Orge (6)	»	
Savigny-sur-Orge à Versailles-Chantiers = ...	25	
Épinay à Noisy-le-Sec : Épinay-sur-Seine à la Plaine-St-Denis (7)	»	3
La Plaine St-Denis à Pantin =.	3	

TOTAL. 93

(1) Lignes d'intérêt local.
(2) Compagnies spéciales.
(3) Sections empruntées à la Compagnie de l'Ouest.
(4) Section empruntée à la Compagnie de l'Est.
(5) Section empruntée à la Compagnie de Paris Lyon Méditerranée.
(6) Sections empruntées à la Compagnie de Paris à Orléans.
(7) Section empruntée à la Compagnie du Nord.

GRAY A GY (Paris)

Gray à Gy et à Bucey-les-Gy (1). . . . . kilom.   22

HÉRAULT (Paris)

Béziers à Montbazin (1).   59
Raccordement à Montbazin (1).   2
Béziers à Cessenon (1)   23
Montpellier à Palavas (1)   12
Raccordements à Montpellier (1).   5

TOTAL   101

LE MANS AU GRAND-LUCE

Le Mans au Grand-Lucé (1).   31

LIGRE-RIVIÈRE A RICHELIEU

Ligré-Rivière à Richelieu   16

LYON A FOURVIÉRES ET SAINT-JUST

Lyon à Saint-Just (1)   1

LYON A LA CROIX-ROUSSE (Lyon)

Lyon à la Croix-Rousse (2).   1

MAGNY A CHARS (Paris)

Magny à Chars (1)   11

MAMERS A SAINT-CALAIS (Le Mans)

Mamers à Connerré (1).   45
Connerré à Saint-Calais (1).   32

TOTAL   77

MARLIEUX A CHATILLON

Marlieux à Châtillon-sur-Chalaronne (1)   11

MÉDOC (Paris)

Bordeaux au Verdon.   100
Castelnau à Margaux (1).   9

TOTAL.   109

MEUSE

Haironville à Triaucourt (1)   61

MIRAMAS A PORT-DE-BOUC

Miramas à Port-de-Bouc (1)   25

(1) Lignes d'intérêt local.
(2) Chemin funiculaire.

MIDI (Paris)

Ancien réseau

Bordeaux à Cette = ... kilom.		480
Bordeaux (Bastide) à Bordeaux (Saint Jean) (pour moitié).		3
Narbonne a Perpignan = ...		62
Bordeaux à Lamothe	Bordeaux à Lamothe = ... 42	
et Arcachon	Lamothe a Arcachon 16	58
	Lamothe a Rion = ... 80	
Lamothe à Bayonne	Rion au Boucan 72	155
	Le Boucan a Bayonne 3	
Morcenx à Mont-de-Marsan.		38
Mont-de-Marsan à Roquefort		24

TOTAL DE L'ANCIEN RÉSEAU. 820

Nouveau reseau

Langon à Bazas.		20
Condom a Port-Sainte-Marie		39
Bon-Encontro (près Agen) à Tarbes.		148
	Toulouse à Portet-St Simon = ... 10	
	Portet-Saint-Simon à Montréjeau 92	
	Montréjeau à Saint-Laurent = ... 7	
Toulouse	Saint-Laurent a Capvern. 15	
à	Capvern à Tournay = ... 13	
Bayonne	Tournay a Sarrouilles 13	319
(par Tarbes)	Sarrouilles à Ossun =. 15	
	Ossun à Artix 69	
	Artix à Argagnon = ... 11	
	Argagnon à Bayonne. 74	
Bayonne à la frontière d'Espagne	Bayonne à Biarritz = . . 10	30
(près Irun)	Biarritz à la frontière . . 26	
Toulouse (Pont d'Empalot)	Toulouse à Saint-Cyprien = . . 3	82
à Auch.	Saint-Cyprien a Auch. 79	
Portet-Saint-Martin à Foix.		70
Foix à Tarascon (Ariége).		16
Saint-Girons a Boussens.		33
Montréjeau a Bagnères-de-Luchon.		36
Tarbes à Bagnères-de-Bigorre.		22
Mont-de-Marsan à Vic-en-Bigorre.		84
Lourdes à Pierrefite-Nesttalas		21
Pau à Oloron-Sainte-Marie.		35
Dax a Puyôo-Ramous		30
Castelnaudary à Castres et Albi		102
Carmaux à Albi		15
Castres à Mazamet.		19
Mazamet à Saint-Amans-Soult.		9

A reporter. 1,133

	Report. . . . . . kilom.	1,133
Carcassonne à Quillan.		55
Perpignan à la frontière d'Espagne (Perpignan à Port-Vendres 30	}	42
(par Port-Vendres) { Port-Vendres à la front = 12	}	
Graissessac à Béziers		52
Agde à Lodève et raccordement.		58

	Montpellier a Arennes = ... 1	}	
Montpellier à Paulhan	Arennes a Cournonterral 12	}	64
et Faugères.	Cournonterral a Montbazin-Gigeau. . 4	}	
	Montbazin-Gigeau a Fougères 47	}	

Latour à Millau		72
Millau à Rodez . . . { Millau à Severac-le-Château = . . 30	}	74
{ Séverac-le-Château à Rodez . . . 44	}	
Saint-Afrique à Tournemire.		12
Mende à Séverac.		62
Monestier à Marvejols.		7

TOTAL DU NOUVEAU RÉSEAU. 1,631

Lignes comprises dans la convention du 8 juin 1883.

Perpignan à Prades.	41
Buzy à Laruns.	19

TOTAL 60

TOTAL DU RÉSEAU DU MIDI. . . 2,511

MINES DE CARVIN

Carvin-ville à Carvin-nord. 7

NAIX-NENAUCOURT A GUÉ-ANCERVILLE

Dammarie-sur-Saulx à Gué-Ancerville (1).	21
Savonnières à Aulnois (1).	3

TOTAL   24

NIZAN A SAINT-SYMPHORIEN (Bordeaux)

Nizan à Saint-Symphorien (1).	17
Saint-Symphorien à Sore (1)	14

TOTAL 31

(1) Lignes d'intérêt local.

NORD (Paris)

Ancien réseau

Paris a la frontiere belge et raccordement (par Beaumont, Creil, Amiens et Lille et par Valenciennes) = ... kilom.		337
Avenue de Saint-Ouen aux Docks de Saint Ouen .		2
Docks de Saint-Ouen à la plaine Saint-Denis. .		4
Saint Denis à Creil (par Chantilly) —. . . .		43

Epinay a Luzarches	Epinay à Montsoult 15	26
	Montsoult a Luzarche 11	

Montsoult à Saleux (près Amiens).	Montsoult-Mailliers à Beaumont — . . . 11	106
	Beaumont a Prouzel. 91	
	Prouzel a Saleux =. 4	

Ermont à Argenteuil et raccordement —. . . .		5
Saint-Ouen-l'Aumône à Pontoise et raccordement =. .		4
Creil a Beauvais =.		37
Amiens à Boulogne = ...		123
Noyelles à Saint-Valery-sur-Somme		6
Boulogne à Saint-Pierre-lès-Calais =. . .		40
Arras à Hazebrouck = ...		69
Lens à Leforest et raccordements =.		17
Douai (La Deule) à Orchies.		16
Orchies à la frontière belge, vers Tournai.		5
Lille a Dunkerque et à Calais (par Hazebrouck) = .		146
Lille à la frontière belge, vers Tournai = . . .		13
Valenciennes à Aulnoye = . . .		35
Creil a la frontière belge, vers Erquelines . .		189
Tergnier à Laon et raccordement = ...		30
Busigny à Somain (par Cambrai) = . .		49
Cambrai a la frontiere belge, vers Dour		51

TOTAL DE L'ANCIEN RESEAU. 1,353

Nouveau reseau

Paris à Soissons = ...		101
Soissons a Anor (par Laon) = ...		99
Chantilly à Crepy-en-Valois (par Senlis)		34
Aulnoye a Anor = ...		31

Beauvais à Gournay. . .	Beauvais a Saint-Paul = . 7	28
	Saint-Paul à Gournay. 21	

Rouen à Amiens et a Cleres (1). .	Rouen a Amiens =. . . 115	131
	Montérolier-Buthy a Cleres 16	

Amiens à la vallée de l'Ourcq	Longueau a Estrées-St-Denis = . . 53	11
	Estrées-Saint-Denis à Compiègne. . 14	
	Compiègne à Rethonde = ... 7	
	Rethondes a Silly-la-Poterie . 37	

A reporter. 535

1) Ligne concédée pour 1/3 a la Compagnie de l Ouest

		Report. . . . . . . kilom.	535
Longueau à Mennessis $=$			71
Arras à Etaples (par Saint-Pol).			99
Fouquereuil (près Béthune) à Abbeville.			88
Abbeville à Eu et au Tréport.			47

$$\text{TOTAL DU NOUVEAU RÉSEAU.} \quad 830$$

Lignes comprises dans la convention du 5 juin 1883.

Lignes cédées par l'État.	Compiègne (rû de Berne) à Soissons$=$. . .	32	
	Lens à Armentières	33	
	Valenciennes au Cateau	35	117
	Dunkerque a la frontière belge, vers Furnes.	15	
	Armentières à la frontière belge	2	
Anciennes lignes d'intérêt local concédées à la Compagnie du Nord	Saint-Omer-en-Chausssee à Abancourt .	31	
	Gisors à Beauvais	28	
	Rochy-Conde à Saint-Just.	28	
	La Rue Saint-Pierre à Clermont . . .	8	
	Clermont à Estrées-Saint-Denis	21	
	Estrées-Saint-Denis a Verberie $=$ . . .	14	
	Rivecourt à Ormoy-Villers et raccord $=$	22	
	Compiègne à Roye	36	321
	Embranchement de Breteuil.	7	
	Doullens à Arras	32	
	Doullens à Frevent	19	
	Ermont à Valmondois.	15	
	Canaples à Amiens (Petit-Saint-Roch) .	24	
	Bully-Grenay à Brias	30	
	Chemin de Ceinture de Lille $=$	6	

Lignes reprises à la Compagnie de Picardie et Flandres.

Cambrai à Douai	20	
Aubigny-au-Bac à Somain	14	158
Saint-Just à Cambrai (1).	113	
Marcoing à Masnières (1)	2	
Abancourt au Tréport (1)		57
Doullens a Gamaches (1).		74

Lignes reprises à la Compagnie de Lille à Valenciennes

Beuvrages à Lille et raccordement.	44	
Saint-Amand à la front. belge vers Tournai	9	
Saint-Amand à Blanc-Misseron	20	124
Valenciennes à Douzies (1).	31	
Don à Hénin-Liétard (1)	20	

$$\text{A reporter.} \quad . \; . \; . \; . \; . \; . \; . \; . \quad 851$$

(1) Anciennes lignes d'intérêt local.

Report. . . . . . . kilom. 851

Lignes reprises à la Compagnie de Lille à Béthune et à Bully-Grenay.

Fives à Béthune et raccordement. 40	50
Violaines à Bully-Grenay (1). 10	

Lignes appartenant à la Compagnie du Nord-Est.

Lille à Comines (Belgique) 16	
Somain à Tourcoing (par Orchies) et raccord. 45	
Tourcoing a Menin (Belgique). 13	
Gravelines à Watten. 20	
Hesdigneul à Saint-Omer. 53	258
Arques à Berguette. 21	
Berguette a Armentières. 34	
Dunkerque a Calais. 38	
Chauny (Rond d'Orléans) a Anizy-Pinon 18	

TOTAL. 1,159

Lignes Nord-Belge (2)

Erquelines à Charleroi (27 kil. pour mémoire)	»
Givet, Namur et Liége (124 kil pour mémoire).	»
Hautmont à Mons (24 kil. pour mémoire)	»

TOTAL (175 kil. pour mémoire). . . . »

TOTAL DU RÉSEAU DU NORD 3,342

ORLÉANS A CHALONS-SUR-MARNE (Paris)

Evreux à Louviers (3).	26
Elbeuf à Dreux (3).	83
Pacy-sur-Eure à Gisors (3).	57
Pont-de-l'Arche à Gisors (3)	54
Glos-Montfort à Pont-Audemer (3)	17

TOTAL. 237

ORNE (Paris)

Alençon à Condé-sur-Huisne (3). 66

---

(1) Ligne exploitée provisoirement par la Compagnie des Mines de Béthune.
(2) Voir Belgique (page 39).
(3) Lignes d'intérêt local.

OUEST (Paris)

Ancien réseau

Paris (Saint-Lazare) a Saint Germain = .	kilom.	21
Les Batignolles a Auteuil —		7
Asnières à Argenteuil = ...		4
Asnières à Versailles (rive droite) =. .		18
Colombes à Rouen (rive gauche) = ...		127
Sotteville au Havre, par Rouen (rive droite) =. .		94
Malaunay a Dieppe = ,		50
Beuzeville à Fecamp . .		20
Mantes a Caen = . . , ...		182
Paris (Montparnasse) à Versailles (rive gauche) =		17
Raccordement de Viroflay =. . .		1
Viroflay à Rennes = ...		359

TOTAL DE L'ANCIEN RÉSEAU 900

Nouveau réseau

Auteuil à Bercy et raccordement (ceinture rive gauche) = .		11
Les Batignolles à Courcelles (ceinture rive gauche) = . . .		2
Le Champ-de-Mars au chemin de Ceinture (rive gauche).		4
Argenteuil à Courbevoie et raccordement —		2
Argenteuil à Dieppe (par Pontoise et Gisors)		139
Achères à Pontoise		12
Rouen à Amiens et à Clères (pour 1/3) (1). . .		»
Raccordements d'Eauplet et de Darnetal (près Rouen) = . . .		2
Saint-Pierre-du-Vauvray à Louviers		7
Serquigny à Tourville = ...		57
Barentin à Duclair et Caudebec.		28
Motteville à Clères.		20
Motteville à Saint-Valery-en-Caux . . .		31
Saint-Waast-Bosville à Cany		7
Beuzeville à Bolbec et Lillebonne. . . .		14
Harfleur à Montivilliers		5
Lisieux a Honfleur.		43
Pont-L'Evêque à Trouville-Deauville. . . .		11
Caen à Cherbourg. { Caen a Sottevast . . . . 113 } { Sottevast à Cherbourg = 18 }		131
Lison à Saint-Lô.		19
Saint-Lô à Lamballe. .		184
Sottevast à Coutances		67
Caen à Laval		144
Saint-Cyr à Surdon. { Saint-Cyr a Dreux = . . . 59 } { Dreux à Surdon . . . . 101 }		160

A reporter. 1,100

(1) Exploité par la Compagnie du Nord.

Report. . . . . kilom.		1,100
Argentan à Granville		129
Laigle à Conches et raccordement vers Romilly =.		40
Le Mans à Mézidon. { Le Mans à Coulibœuf —. . . .	119	
Coulibœuf a St-Pierre-sur-Dives .	13	138
St-Pierre-sur-Dives à Mézidon = . .	6	
Coulibœuf à Falaise		7
Sillé-le-Guillaume à la Hutte.		26
La Hutte a Mamers		24
Le Mans à Angers		95
Sablé à Châteaubriant { Sablé à Longuefuye Gennes.	22	
Longuefuye-Gennes a Segré =. . .	32	95
Segré à Châteaubriant	41	
Chemazé à Craon		15
Châteaubriant a Redon.		45
Laval à Angers et raccordement { Laval à Longuefuye-Gennes	30	
Segré à Angers	37	69
Ecorflant a Angers = ...	2	
Rennes à Brest { Rennes à Saint-Brieuc	101	
Saint-Brieuc à Guingamp =.	30	249
Guingamp à Brest.	118	
Rennes à Saint-Malo		81
Rennes à Redon { Rennes à Masserac	57	
Masserac à Redon = ...	13	70
Raccordement du bassin a flot de Redon		1
Pontivy à Saint-Brieuc.		72
Plouaret à Lannion . . . . . '		16

TOTAL DU NOUVEAU RESEAU. 2,272

Lignes comprises dans la convention du 17 juillet 1883.

Caen à Dozulé	23
Neuilly-la-Chaussée à Port-D'Isigny	7
Sainte-Gauburge a Mesnil-Mauger (près Mézidon) . . .	61
Sablé a Sillé-le-Guillaume	44
Echauffour a Bernay.	46
Alençon à Domfront.	68
De la limite de l'Eure (vers Elbeuf) à Rouen =.	26
Raccordement près Elbeuf =. .	2
Dives à Trouville (Toucques).	20
Laigle à Mortagne.	34
L'Etang-la-Ville à Saint-Cloud	15
Mamers à Belême et à Mortagne	38
Miniac à la Gouesnière.	10
Morlaix à Roscoff	25
Mortagne à Sainte-Gauburge.	35

A reporter. 454

4.

	kilom.
Report . . . kilom.	454
Orbec à la Trinité de Réville.	13
P oermel a la Brohinière.	40
Raccordement de Pontorsan	1
Raccordement des gares de Saint-Germain =.	3
Saint-Georges a Dreux et à Chartres.	50
Vitre à Fougères et a Mordrey	80
Couterne a la Ferté-Mace.	15
Pré-en-Pail a Fougeres	86
Châteaubriant à Rennes	58
Martigné-Ferchaud a Vitre.	40
Lisieux à Orbec.	18
Mézidon a Dives.	29
Segré a Saint-Mars-la-Jaille	32
TOTAL	919

Lignes d'intérêt local exploitées par la Compagnie de l'Ouest

Falaise à Berjou-Pont-d'Ouilly	28
Montsecret a Chaulieu-Sourdeval.	19
TOTAL	47
TOTAL DU RESEAU DE L'OUEST	4,138

PARIS A ORLÉANS (Paris)

Ancien reseau

Paris à Bordeaux (Bastide) et raccordements (par Orleans et Tours) =	583
Bordeaux (Bastide) a Bordeaux (Saint-Jean) (pour moitié).	3
Orléans à Saincaize (par Vierzon) et raccordements = ...	172
Vierzon à Limoges = ...	197
Bretigny à Tours { Bretigny à Notre-Dame-d'Oe. . . . . . 196 }	202
(par Vendôme) { Notre-Dame-d'Gé à Me tray = ... 6 }	
Tours au Mans. { Tours a Mettray = ... 9 }	94
{ Mettray au Mans. . . . . 85 }	
Tours à Nantes et raccordement = ...	195
Nantes à Saint-Nazaire.	64
Savenay à Landerneau (par Châteaulin).	298
Auray à Pontivy.	51
TOTAL DE L'ANCIEN RÉSEAU	1,859

Nouveau reseau

Paris à Sceaux et à { Paris à Bourg la Reine = ... 7 }	43
Orsay et Limours { Bour la-Reine a Limours . . . . . . 36 }	
Orleans à Malesherbes.	58
Orleans à Gien	61
A reporter.	16

Report. . . . kilom.   162

Aubigne à la Flèche.		35
Montlouis (près Tours) à Vierzon.		104
Villefranche-sur-Cher à Romorantin.		7
Pont-Vert (près Bourges) à Montluçon et raccordement	Pont-Vert à la Chapelle-St-Ursin =. . 5 La Chapelle-St-Ursin a Montluçon . . 94 Raccordement vers Paris = ... 1	100
Montluçon à Moulins et à Bezenet	Mon luçon à Doyet-'a-Presle = . . . 25 Doyet-la-Presle à Moulins . . . . . 58 D·yet-la-Presle à B zenet 5	88
Commentry à Gannat.		53
Lapeyrouse à Saint-Eloi		9
Montluçon a Saint-Sulpice-Laurière		122
Busseau-d'Ahun à Aubusson		24
Saint-Benoît (près Poitiers) à Bersac		111
Châteaubriant à Nantes.	Châteaubriant à la Chapelle-sur-Erdre. 52 La Chapelle-sur-Erdre a Nantes =. . 10	62
Limoges a Agen	Limoges à Perigueux =. . . . . 98 Niversac a Agen 140	238
Nexon (près Limoges) à Brive.		84
Monsempron-Libos à Cahors		51
Penne à Villeneuve-sur-Lot.		9
Coutras à Périgueux		75
Perigueux à Figeac	Perigueux à Niversac = ... 11 Niversac à Figeac 151	162
Libourne à Bergerac.		61
Bergerac au Buisson-de-Cabans		36
Brive à Tulle		26
Arvant à Capdenac	Arvant a Figeac . . . . 171 Figeac à Capdenac = ... 5	176
Capdenac à Montauban.		131
Capdenac à Rodez et à Decazeville et raccordement.		72
Toulouse a Lexos et à Albi		105

TOTAL DU NOUVEAU RÉSEAU   2,100

*Lignes comprises dans la convention du **28 juin 1883**.*

Angoulême à Limoges.	122
Le Quéroy à Nontron	35
Bordeaux à la Sauve.	27
Clermont a Tulle	171
Eygurande a Larguac	49
Limoges à Meymac	90
Limoges au Dorat	54
Orléans à Montargis = ...	71
Périgueux a Ribérac.	29

A reporter.   648

	Report. . . kilom.	648
Saillat à Bussiére-Galant		44
Saint-Nazaire au Croisic		27
Escoublac-la-Bôle a Guérande		6
Tours (Joué) à Montluçon		212
Blois à Romorantin		39
Argent à Beaume-la-Rolande		72
Montauban à Cahors.		63
Sarlat à Cazoulès		23
Mignaloux Nouaille à Chauvigny		19
Quimper a Douarnenez.		18
Quimper à Pont-l'Abbe.		20
Sarlat à Siorac		25
Aubusson à Felletin		10
Auray a Quiberon		26
Concarneau a Rosporden.		14
Questembert à Ploermel		33
Vieilleville à Bourganeuf.		20

TOTAL **1,319**

Lignes d'intérêt local appartenant à la Compagnie d'Orléans.

La Flèche à la Suze.	29
La Flèche (Verron) à Sablé.	23

TOTAL   . .   .   **52**

TOTAL DU RÉSEAU DE PARIS A ORLÉANS   **5,330**

PARIS-LYON-MÉDITERRANÉE (Paris)

Ancien réseau

Paris à Marseille et raccordements (par Dijon et Lyon) —		872
Marseille a la frontière d'Italie { Marseille a Nice — . . . 223 }		
(par Toulon et Nice) { Nice a la frontière . . . . 28 }		251
Villeneuve-Saint-Georges à Montargis — 110		
Villeneuve-St-Georges et Moret à Saint-Germain au Mont-d'Or (par Roanne et Tarare) { Moret au Coteau (par Roanne) = . 356		
Le Coteau a Amplepuis 26		542
Amplepuis a Tarare = ... 14		
Tarare à St-Germain au Mont-d'Or 34		
Embranchement de Gimouille . 2 }		
Roanne à Lyon et embranchements (par Saint-Etienne) { Le Coteau à Lyon = . . . 136 }		147
{ Embranchements divers. . 11 }		
Saint-Germain-des-Fosses à Vichy . . .		9
Belleville a Beaujeu		13
Malesherbes à Bourion.		25

A reporter. **1,859**

Report. . . . . kilom.		1,852
Roanne (Le Coteau) à Paray-le-Monial.		57
La Roche à Auxerre.		19
Dijon à Belfort (par Besançon) ⚊.		186
Auxonne à Gray et raccordement ⚊		35
Dôle à Salins { Dôle à Arc-Senans . . .	25	38
	Arc-Senans à Mouchard — . . .	6	
	Mouchard à Salins	7	
Mouchard à la frontière suisse (par Pontarlier et les Verrières). .		73
Pontarlier à la frontière suisse (par Jougne)		19
Montbeliard à Delle.		26
Andelot à Champagnole		13
Dijon (Perrigny) à Saint-Amour et raccord		107
Chagny à Nevers —		163
Torcy-Montchanin à Moulins { Torcy-Montchanin à Paray-le-Monial ⚊.	67	117
	Paray-le-Monial à Moulins.	50	
Santenay à Etang (par Epinac)		59
Avallon (La Maison-Dieu) à Dracy-Saint-Loup		70
Gilly-sur-Loire à Cercy-la-Tour.		41
Châlon à Dôle ⚊.		75
Bourg à Franois (près Besançon) ⚊.		140
Lyon (Guillotière) à Genève (par Collonges) ⚊ . . .		165
Mâcon à Ambérieu ⚊		68
Culoz au Rhône		2
Virieu-le-Grand à Pressins		46
St-André-le-Gaz à Chambéry		41
Aix-les-Bains à Annecy		39
Annecy à Annemasse-Létuve		53
Thonon à Collonges (par Annemasse)		63
Thonon à Evian		9
Saint-Pierre-d'Albigny à Albertville.		24
Saint-Rambert-d'Albon à Grenoble { Saint-Rambert à Rives	52	92
	Rives à Grenoble ⚊.	40	
Lyon à Rives ⚊.		87
Valence à Moirans.		78
Grenoble à Montmelian ⚊		50
Annonay à Saint-Rambert-d'Albon.		19
Givors (Grigny) à La Voulte-sur-Rhône et raccordements ⚊. . .		108
Livron à Privas { Livron à La Voulte	6	32
	La Voulte au Pouzin ⚊. . .	5	
	Le Pouzin à Privas.	21	
Livron à Crest.		17
Le Pouzin à Robiac { Le Pouzin au Teil ⚊. .	24	95
	Le Teil à Robiac.	71	
Vogué à Aubenas		10
Aubenas à Prades		10
Sorgues à Carpentras		17
A reporter		4,222

Report. . . . . . kilom.	4,222
Avignon à Salon.	56
Salon à Miramas.	12
Tarascon à Cette et embranchements et raccordements —	107
Nîmes à la Levade et à la Verrerie (Grand'Combe) { Nîmes à Alais = ... 47 / Alais à la Levade et à la Verrerie . . . . 17 }	64
Alais à Bessèges et à la Valette	33
Nîmes au Teil (par Remoulins) = ...	119
Remoulins à Uzès	19
Remoulins à Beaucaire.	17
Uzès à Saint-Julien de Cassagnas.	34
Saint-Julien-de-Cassagnas au Martinet	10
Uzès à Nozières	17
Vézenobres (Le Mas-des-Gardies) à Quissac.	14
Lezan à Anduze.	6
Nimes (Saint-Cézaire) à Sommières.	23
Sommières aux Mazes	21
Lunel à Arles	44
Embranchement de Trinquetaille et raccordement.	2
Aimargues (près Lunel) à Aigues-Mortes	12
Le Cailar à Saint-Cezaire.	19
Rognac à Aix et embranchement.	26
Aix (Gardanne) à Carnoules.	78
Marseille à Aix (par Gardanne)	34
Marseille (Prado) à la Blancarde =.	3
Aubagne à Valdonne.	17
La Pauline aux Salins-d'Hyères	19
Les Arcs à Draguignan.	13
Cannes à Grasse.	17

TOTAL DE L'ANCIEN RÉSEAU	5,065

Nouveau réseau

Auxerre à Cercy-la-Tour (par Clamecy)	136
Clamecy à Nevers.	72
Cravant aux Laumes (par Avallon).	91
Nuits-sous-Ravières à Châtillon-sur-Seine =.	35
Dijon à Is-sur-Tille = ...	29
Gray à Montagney et à Fraisans	44
Montagney à Miserey.	28
Besançon à Vesoul { Besançon à Miserey = ... 6 / Miserey à Vesoul. . . . . 57 }	63
Saint-Germain-des-Fossés à Arvant { St-Germain-des-Fossés à Issoire — 100 / Issoire à Arvant. . . . . 24 }	124
Clermont-Ferrand à Montbrison	110
Vichy à Courty (près Thiers)	33
Le Pont-de-Bove (près de Thiers) à Giroux.	22

À reporter.	787

Report. . . . . kilom.			787
Montbrison à Saint-Just-sur-Loire.			22
Arvant à Saint-Etienne	Arvant à Firminy 158		
	Firminy à La Ricamarie =. 6		172
	La Ricamarie à Bellevue. 3		
	Bellevue à Saint-Etienne = ... 5		
Le Clapier à la Béraudière.			3
Saint-Georges-d'Aurac à la Levade			145
Gallargues (près Lunel) au Vigan			73
Cavaillon à Apt			32
Le Cheval-Blanc à Veynes (vers Gap)			175
Grenoble à Gap	Grenoble à Veynes. 109		
	Veynes à La Freyssinousse. 16		135
	La Freyssinousse à Gap 10		
Gap à Briançon	Gap à Chorges =. 16		
	Chorges à Embrun. 22		83
	Embrun à Mont-Dauphin = ... 17		
	Mont-Dauphin à Briançon 28		
Pertuis à Aix			32
Saint-Auban à Digne.			22

TOTAL DU NOUVEAU RÉSEAU 1,681

Lignes comprises dans la Convention du 26 mai 1883

Gien à Fontenoy.		56
Triguères à Clamecy.		70
Montargis à Sens —		62
Bonson à Saint-Bonnet.		27
Besançon à la Frontière suisse et raccordement		74
Dôle à Poligny.		38
Bourg à Sathonay (1)		51
Bourg à La Cluse (1).		37
La Cluse à Bellegarde (1)		29
Lyon à Montbrison (1) { Lyon à Charbonnières = ... 9 }		80
{ Charbonnières à Montbrison . . . . 71 }		
Mâcon à Paray-le-Monial (2)		77
Châlon à Lons-le-Saunier (2).		65
Bourg à Saint-Germain-du-Plain (2)		62
Ambérieu à Montalieu (2)		18

TOTAL. 746

Réseau spécial

Le Rhône (près Culoz), { Le Rhône à Saint-Michel . . . . 117 }		144
à la frontière d'Italie { Saint-Michel à la Frontière = . . 27 }		

---

(1) Lignes d'intérêt général reprises à la Compagnie des Dombes et du Sud-Est.
(2) Lignes d'intérêt local reprises à la Compagnie des Dombes et du Sud-Est.

Lignes en dehors des reseaux ci-dessus (1)

Alger à Oran (428 kil. pour mémoire). . .   .   kilom.   »

Philippeville à Constantine (87 kil pour mémoire) . .   . .   »

TOTAL (513ᵏ. pour mémoire)   "

TOTAL DU RESEAU P.-L.-M.   7,636

RHONE (Lyon)

Lyon-Croix-Rousse à Sathonay   7

Sathonay a Trevoux (2)   19

TOTAL   26

ROUEN AU PETIT-QUEVILLY (Rouen)

Rouen au Petit-Quevilly (2)   3

SAINT-QUENTIN A GUISE (Saint-Quentin).

Saint-Quentin à Guise (2)   40

SEINE-ET-MARNE

Lagny à Villeneuve-le-Comte et aux Carrières de Neufmoutiers . .   15

SOMAIN A ANZIN ET A PÉRUWELZ (Anzin)

Somain à Anzin   19

Anzin à la frontière belge, vers Peruwelz   18

TOTAL   37

TESTE (la) A L'ÉTANG DE CAZAUX

La Teste a l'etang de Cazaux (2)   13

VELU-BERTINCOURT A SAINT-QUENTIN

Velu-Bertincourt a Saint-Quentin (2)   51

VERTAIZON A BILLOM (Paris).

Vertaizon à Billom (2).   9

ENSEMBLE POUR LA FRANCE. 30,689

---

(1) Voir l'Algérie (page 130).

(2) Lignes d intérêt local.

GRANDE-BRETAGNE ET IRLANDE

ANGLETERRE

CHEMINS DE FER EXPLOITÉS PAR LES COMPAGNIES

ALEXANDRA (Londres).

Londres à Alexandra-Dock . . . . kilom   3

AYLESBURY ET BUCKINGHAM (Aylesbury).

Aylesbury à Verney-Junction   19

BISHOP'S-CASTLE (Montgomery).

Craven-Arms à Bishop's-Castle   16

BODMIN ET WADEBRIDGE (Londres).

Bodmin à Wadebridge   .   .   .   24

BRECON ET MERTHYR-TYDFIL-JUNCTION (Brecon).

Brecon à Newport . .	76
Penstieill Jⁿ à Merthyr	10
Pengam à Rhimney	8
Pant à Dowlais	1
TOTAL	95

BRISTOL-PORT (Bristol).

Clifton à Avonmouth   10

BURRY-PORT ET GWENDREATH-VALLEY (Burry-Port).

Pembrey a Pontyberene	21
Embranchements	15
TOTAL	36

CAMBRIAN (Oswestry).

Whitchurch à Pwllheli par Welshpool)	212
Glan Dovey Jⁿ à Aberysthwyth	27
Llanymynech à Llanfyllin	14
Abermule a Kerry	6
Moat-Lane à Llanidloes	13
Barmuth Jⁿ à Dolgelly	11
Embranchements	6
TOTAL	294

CANNOCK-CHASE ET WOLVERHAMPTON (Londres).

Cannock Chase a Wolverhampton.   . kilom   10

CENTRAL WALES ET CARMARTHEN JUNCTION (Londres)

Abergwilly à Llandilo Bridge.   21

CHESHIRE LINES COMMITTEE (Liverpool).

Manchester à Liverpool	53
Woodley à Glazebrook	26
Altrincham a Chester	50
Embranchements	66
Total	195

CLEATOR ET WORKINGTON JUNCTION

Cleator a Workington Jn	24
Distington a Rowrah.	10
Total	34

COCKERMOUTH, KESWICK ET PENRITH (Keswick)

Penrith à Cockermouth   51

COLNE VALLEY ET HALSTEAD (Londres)

Chappel à Haverhill   11

CORRIS (Londres).

Llandyrnog a Corris (ardoisieres)   .   -   . .   .   18

DOWLAIS (Brecon).

Lignes de houillères   3

EAST ET WEST JUNCTION (Londres)

Green's Norton a Stratford sur Avon . . .	53
Kinneton à Fenny-Compton	11
Embranchements	2
Total	66

EAST CORNWALL MINERAL (Londres).

Calstock à Callington   11

EASTERN ET MIDLANDS (Londres).

King's Lynn à Fakenham.	32
Fakenham a Norwich.	49
Yarmouth Union.	2
Great Yarmouth a North Walsham	38
North Walsham à Melton Constable	27
Raccordements	3
Total	151

FESTINIOG (Portmadoc).

Portmadoc à Duffs et Dinas. . . . . . kilom. 2J

FESTINIOG ET BLAENAU (Portmadoc).

Festiniog a Duffs. 6

FORCETT (Barnard-Castle).

Piercebrige a Forcett 8

FURNESS (Barrow-in-Furness).

Carnforth a Whitehaven	97
Ulverston a Ambleside.	14
Ulverston à Conishead Priory	6
Dalton à Parlow Piel	14
Foxield a Coniston	16
Embranchements	79
TOTAL . .	226

GARSTANG ET KNOT-END

Garstang a Pilling 11

GIANT'S CAUSEWAY, PORTRUSH ET BUSH VALLEY (Portrush).

Portrush à Bush-Mills 10

GOLDEN-VALLEY (Hereford).

Ponthlas à Dorstone. 18

GORSEDDA JUNCTION ET PORTMADOC (Londres).

Portmadoc à Gorsedda (ardoisières). 18

GREAT EASTERN (Londres).

Londres (Bishop gate) a Yarmouth (sud), par Chelmsford et Ipswich	196
Reedham a Tivetshall, par Lowestoft et Beccles . .	72
Wivenhœ a Brightlingsea. . . .	8
Colchester à Walton-on-the-Naze. .	12
Manningtree à Harwich. . . .	18
Marks-Tey à Bury-St-Edmunds, par Sudbury .	51
Saxmundham a Oldborough	14
Maldon a Bishops-Stortford, par Braintree. . .	48
Bentley à Hadleigh	11
Ipswich a Norwich (Victoria), par Diss . . .	77
Londres (Liverpool street) a Enfield . . .	18
Londres (Stratford pass.) à Chipping-Ongar	30
A reporter.	575

	Report. .... kilom	575
Woodford à Hunstanton, par Cambridge et Ely		177
Heacham à Yarmouth (Vauxhall), par Wells et Norwich. . . .		132
Roydor à Buntingford		27
St Margaret's a Hertford		6
Watlington (Magdalen-Road) a Haughley, par March, St-Ives,		
Cambridge et Newmarket		148
Sudbury (Melford) a Shepreth		55
Audley-End à Bartlow.		12
Ely à Sutton		13
St Ives a Huntingdon		8
Wymondham à Peterborough, par Thetford, Ely et March. . .		119
Lynn à Dereham.		41
Wickham-Market à Framlingham		8
Whitlingham à North Waltham		23
Mellys a Eye.		5
Downham a Stoke Ferry		12
Spalding à Lincoln		65
Reepham à North-Elmham.		12
Brundall à Yarmouth		21
Fordham à Cambridge		24
Embranchements et raccordements.		195
	Total	1,680

GREAT MARLOW (Great-Marlow).

Bourne-End a Great-Marlow	5

GREAT NORTHERN (Londres).

Londres (Kingscross) a Bradford (par Hatfield, Peterborough, Hun-	
tingdon, Grantham, Doncaster et Wakefield.	304
Woodgreen (Alexandra Park) à Enfield.	6
Londres (Finsbury-Park central) a Edgware.	13
Finchley a High-Barnett	6
Londres (Highgate) à Alexandra-Palace	3
Hatfield a St-Albans.	10
Raccordements a Londres	6
Hertford à Dunstable	40
Hitchin à Shepreth (par Royston)	29
Holme à Ramsey	10
Werrington a Grimsby (par Spalding, Boston, Firsby et Louth) .	119
Spalding à March	27
Wansford à Lynn (par Stamford et Spalding)	85
Askern a Nottingham (par Doncaster, Gainsborough, Lincoln, Bar-	
dney, Boston et Sleaford.	240
Honington a Lincoln.	27
Bourn à Sleaford	26
A reporter.	951

Report . . . . kilom	9 o 1
Kirkstead à Horncastle.	11
Spilsby a Skegness (par Firsby) . . .	23
Louth a Bardney.	32
Louth a Mablethorpe	19
Little-Bytham à Edenham	6
Drighlington a Methley.	21
Bowling à Ardsley (par Leeds) .	21
Tilton a Leicester	17
Daybrook a Newstead	12
Stafford a Uttoxeter.	21
Embranchements et raccordements. . . .	118

TOTAL 1,232

GREAT WESTERN (Londres).

Londres (Paddington) a Bristol (par Reading, Didcot et Chippenham)	190
Shrewsbury a Milford (par Hereford, Pontypool et Carmarthen) .	320
Saltney a Shrewsbury (par Ruabon)	66
Shrewsbury a Hereford (par Worcester) . . .	126
Wellington à Nantwich (par Market-Drayton) . .	45
Hatton a Honeybourne . . .	20
Priestfield a Hartlebury (par Dudley)	32
Woofferton a Bewdley	32
Ruabon a Bala	45
Llantrissant a Porth-Cawl	85
Llandovery a Llanelly	50
Welshpool a Shrewsbury	32
Didcot a Newbury	27
Heathfield à Ashton	13
Lignes et embranchements divers	2,60

TOTAL 3,647

HALESOWEN (Londres).

Halesowen a Northfield 11

HALIFAX ET OVENDEN

Halifax et Ovenden. 5

HYLTON, SOUTHWICK ET MONKWEARMOUTH.

Hylton a Southwick et Monkwearmouth. 6

ILE DE WIGHT (Londres)

Ryde a Ventnor 19
Raccordements. 4

TOTAL 23

LANCASHIRE ET YORKSHIRE (Manchester).

Liverpool a Goole (par Wigan, Bolton et Wakefield)	kilom	185
Huddersfield à Penistone. . .	.	24
Knottingley a Askern	.	16
Milner-Royd à Bradford	. .	19
Liverpool a Colne (par Blackburn et Burnley)	.	82
Liverpool à Wigan (par Southport) .	.	53
Preston à Lostock (par Chorley) .	.	27
Chatburn à Facit (par Blackburn, Manchester, Oldham et Rochdale)		92
Accrington à Clifton (par Radcliffe)	. . .	20
Preston à Fleetwood	.	31
Kirkham à Blackpool. . .	.	21
Embranchements divers .	.	211
TOTAL	.	790

LEOMINSTER ET BROMYARD (Leominster)

Leominster a Steen's Bridge	5

LISKEARD ET CARADON (Liskeard).

Liskeard a Caradon . .	14
Embranchements	21
TOTAL	35

LONDON ET NORTH-WESTERN (Londres).

Londres (Euston) a Liverpool (Lime Street)	323
Preston a Longridge.	13
Preston a Fleetwood	31
Kirkham à Blackpool. . .	21
Whitehaven à Cockermouth .	24
Low Gill a Ingleton	29
Lancastre a Carlisle et à Windermere	160
Adlington a Saint-Helens . .	27
Earlestown à Manchester . . .	26
Timperley à Liverpool (par Warrington)	43
Warrington à Holyhead (par Chester) .	85
Mold a Denbigh	40
Birkenhead a Manchester (par Chester et Crewe)	109
Northenden à Buxton . . .	37
Crewe à Hereford (par Shrewsbury et Leominster)	134
Shrewsbury a Stafford (par Wellington)	47
A reporter	1,149

Report . . . . . kilom.		1,149
Stafford a Rugby (par Wolverhampton et Birmingham)	. .	92
Rugby à Luffenham	.	56
Wigston a Rugby (par Nuneaton et Coventry)	.	79
Birmingham a Rugeley	. . . .	40
Wolverhampton a Wichnor (par Stafford).	. . .	37
Overseal a Nuncaton .	.	29
Shrewsbury a Buttington	.	27
Oxford a Verney . .	.	35
Duston a Market-Harborough	.	32
Abergavenny à Dowlais .	.	29
Pontardulais a Swansea	.	19
Heaton-Lodge à Glodwick-Road	.	33
Marton a Sellafield (par Cleator et Egremont)	.	34
Moor Row a Whitehaven.	.	5
Roade a Northampton . . .	.	40
Lignes et embranchements divers	. . .	1,242

TOTAL	2,948

LONDON ET SOUTH-WESTERN (Londres).

Londres (Waterloo) a Bideford (par Salisbury, Yeovil et Exeter) .	351
Woking (Brookwood) a Portland (par Winchester, Southampton et Dorchester). . .	196
Yeoford a Okehampton	16
Exeter a Exmouth . .	14
Ringwood a Bournemouth . . .	19
Alderbury à West-Moors .	29
Andover a Woking. . . .	158
Petersfield à Midhurst	14
Londres à Richmond.	10
Fareham à Stokes-Bay	10
Kembridge à Salisbury	19
Worting a Winchester	23
Barnes à Reading (par Staines et Wokingham)	60
Streatham à Croydon (par Wimbledon).	14
Wimbledon a Leatherhead (par Epsom).	18
Embranchements et raccordement	209

TOTAL. . .	1,160

LONDON, BRIGHTON ET SOUTH-COAST (Londres).

Londres (Bricklayers) a Brighton (par Croydon). .	80
Londres (Victoria) a Londres (London Bridge)	14
Portsmouth a Hastings (par Chichester, Shoreham, Brighton et Wilingdon) . .	127
Tunbridge-Wells a Littlehampton (par Horsham) . . .	85

A reporter.	306

Report. . . . . . kilom   306
Groombridge a Lewes (par Uckfield) . . . .   ,   34
Norwood a Shoreham (par Epsom et Dorking).   82
Londres (Peckham Rye) à Epsom Downs (par Wimbledon et Sutton)   31
Stammerham a Guildford.   29
Pulborough a Midhurst.   18
Chichester a Midhurst.   19
Hailsham à Stornecross (par Eastbourne)   .   18
Lewes a East Grinstead   28
Hoisted-Keynes a Hayward's-Heath   6
East Croydon a East Grinstead.   27
Hayward's-Heath a Seaford (par Lewes)   .   .   .   34
Embranchements divers . . , ...   43

                          TOTAL   675

LONDON, CHATHAM ET DOVER (Londres).

Londres (Victoria) a Douvres (par Canterbury, . .   .   124
Faversham à Ramsgate (par Margate)   45
Sittingbourne a Sheerness   10
Londres (Cow Lane) à Crystal Palace   . .   .   7
Swanley à Seven-Oaks.   14
Embranchements.   56

                          TOTAL.   256

LONDONDERRY (1).

Seaham à Sunderland   11

LONDON, TILBURY ET SOUTHEND (Londres).

Bow a Southend (par Tilbury)   68
Tilbury a Gravesend   4
Southend a Shoeburyness   5

                          TOTAL   77

MACCLESFIELD COMMITTEE

Embranchement sur Macclesfield.   18

MAENCLOCHOG (Clynderwen) (1).

Clynderwen a Rosebush   13

MANCHESTER ET MILFORD (Carmarthen)

Aberystwyth à Pencader.   68

MANCHESTER, SHEFFIELD ET LINCOLNSHIRE (Manchester)

Manchester a Staley-Bridge. . . . . kilom	11
Ulceby à Cleethorpes	21
Doncaster à Wakefield	31
Macclesfield a Marple	18
Dinting à Barton (par Penistone, Sheffield, Gainsborough et Barnetby)	166
Penistane a Lincoln (par Barnsley et Doncaster) .	118
Moor-End à Sheffield (par Grange-Lane) . .	12
Keadby à Barnetby	23
Wakefield a Barnby-sur Dou	30
Barnsley a Nostell	11
Embranchements divers.	24
TOTAL	505

MANCHESTER, SOUTH JUNCTION ET ALTRINCHAM (Manchester).

Manchester a Altrincham (par Timperley) . .	14

MARYPORT ET CARLISLE (Maryport).

Maryport a Carlisle.	46
Bullgill a Cockermouth	11
Aspatria à Mealsgate.	6
Aikbank Junction à High-Blaithwaite	3
TOTAL.	66

MAWDDWY (Dinas Mawddwy).

Dinas-Mawddwy a Cemmes Road.	11

MERRYBENT ET DARLINGTON (Darlington).

Darlington a Melsonby	10

METHLEY JOINT.

Embranchement sur Methley.	10

METROPOLITAN (Londres).

Londres (Moorgate street) a Londres (South Kensington). .	13
Embranchements	22
TOTAL	35

METROPOLITAN DISTRICT (Londres).

Londres (Mansion House) à Londres (West Brompton)... kilom.	9
Mill Hill Park a Hounwslow Town.	7
Embranchements et raccordements.	12

TOTAL. ... 28

MIDLAND (Derby).

Londres (St-Panciass) à Morccambe (par Bedford, Leicester, Trent, Sheffield, Normanton, Leeds, Skipton, Settle et Lancaster)	435
Settle a Carlisle (par Appleby)	117
Derby à Bristol (par Birmingham et Gloucester)	219
Bedford à Hitchin.	4
Wellingborough à Northampton.	19
Kettering à Huntingdon	45
Wigston a Rugby.	32
Leicester à Birmingham	63
Leicester a Burton	48
Syston-Junction à Peterborough	77
Peterborough à Sutton-Bridge (par Wisbech)	40
Trent-Clay à Cross	34
Pye-Bridge a Worksop (par Mansfield)	36
Trent à Lincoln.	64
Nottingham à Sutton.	24
Nottingham a Melton.	27
Kettering a Manton	23
Rolleston Junction a Mansfield.	24
Derby a Trent (par Donington).	24
Derby a Ripley	16
Derby à Worthington	24
Duffield a Wirksworth.	14
Ambergate-Junction à Manchester (par Rowsley).	80
Chesterfield à Sheffield	19
Swinton a Doncaster.	16
Skipton a Colne.	16
Barnt-Green à Malvern (par Evesham)	76
Worcester à Brecon (par Hereford)	97
Mangotsfield à Bath	10
Basford a Ilkeston Town.	0
Embranchements et raccordements	467

TOTAL. 2,216

MID-WALES (Londres)

Llanidloes à Talyllyn et raccordements	77

NEATH ET BRECON (Brecon).

Neath a Brecon . . . . kilom   18

NORTHAMPTON ET BANBURY JUNCTION (Londres).

Blisworth a Banbury (Cockley-Blake). 24

NORTH ET SOUTH WESTERN JUNCTION (Londres).

Willesden Kingston à Hammersmith 8

NORTH-EASTERN (York).

Normanton a Berwick (par York, Northallerton, Durham et Newcastle)	413
Leeds à East-Hartlepool (par Harrogate, Northallerton et Stockton)	121
Saltburn a Benfieldside	258
Darlington a Tebay (par Barnard-Castle)	80
York à Scarborough (par Malton).	69
Leeds à Hornsea (par Selby et Hull)	113
Hull a Withernsea	32
Newcastle à Carlisle (par Hexham)	106
Church-Fenton à Pateley Bridge (par Harrogate)	48
York a Harrogate.	29
York à Hull	88
York à Doncaster (par Selby)	48
Pillmoor à Driffield	72
Northallerton à Askrigg (par Bedale).	48
Ferryhall à Hartlepool.	27
Leamsid à Bishop Auckland	24
Gateshead à Durham.	24
Berwick a Kelso	37
Melberly à Northallerton.	19
Picton à Whitby	64
Middlesborough à Guisborough	19
Bishop-Auckland à Barnard-Castle	19
Bishop-Auckland à Sunderland . . .	42
Witton à Stanhope	19
Barnard-Castle a Middleton.	13
Arthington à Ilkley	16
Newcastle à South-Shields.	16
Norton-Junction a Coxhoe	16
Kirkby-Stephen a Penrith.	32
Billington à Whitby	50
Seamer à Hull	48
Selby a Beverley	48
Staddlethorpe à Doncaster	35
A reporter .	**2,073**

Report kilom	2,073
Scottswood à Durham	24
Haltwhistle à Alston	24
Dalton à Richmond	16
Wetherby à Crossgates	18
Seamer à Pickering	10
Whitby a Loftus	27
Embranchements et raccordements	264
TOTAL	2,453

NORTH-LONDON (Londres).

Londres (Broad-street) a Chalk-Farm	10
Embranchements sur Bow et Poplar	9
TOTAL	19

NORTH-STAFFORDSHIRE (Stoke-s-Trent).

Macclesfield à Derby (par Leek et Uttoxeter)	82
Macclesfield à Colwich (par Stoke)	61
Rocester a Ashbourne	11
Uttoxeter à Stoke	26
Tutbury à Burton	10
Congleton à Stoke	24
Stoke à Leek	16
Kidsgrove à Crewe	14
Stoke à Market-Drayton	27
Stone à Stafford	14
Blyth-Bridge à Hanley	10
Embranchements et raccordements	22
TOTAL	314

NORTH WALES (Carnarvon).

Dinas a Bryngwyn et Quellyn (1)	16
Snowdon Ranger à Rhyd-ddu (1)	3
TOTAL	19

OLDHAM, ASHTON-SOUS-LYNE ET GUIDE BRIDGE JUNCTION (Manchester)

Oldham à Manchester	10

(1) Chemins a voie étroite.

PEMBROKE ET TENBY (Pembroke).

Pembroke a Whitland (par Tenby). . . . . kilom 47

PORTMADOC, CROESOR ET BEDDGELERT

Correg-llylldrem a Portmadoc . 8

POTTERIES, SHREWSBURY ET NORTH-WALES
(Shrewsbury).

Shrewsbury a Nantmawr · 37
Kinnerley a Criggion . S

TOTAL 45

RAVENGLASS ET ESKDALE (Londres).

Ravenglass à Boot. . . 11

REDRUTH ET CHASEWATER.

Redruth a Chasewater . . . 16

RHYMNEY (Cardiff)

Cardiff a Nantybwch. · 46
Embranchements. 22

TOTAL . 68

ROWRAH ET KELTON-FELL.

Rowrah a Kelton Fell 5

RYDE ET NEWPORT (Londres)

Ryde a Newport (île de Wight) 13
Cowes à Newport (1) (île de Wight) . . 6
Sandown a Newport. 14
Raccordement. 1

TOTAL 34

SAINT-AUSTELL ET PENTEWAN (Londres).

Saint-Austell à Pentewan 5

SAUNDERSFOOT.

Chemin industriel 6

(1) Compagnie spéciale (Newport)

SCOTSWOOD, NEWBURN ET WYLAM (Newcastle-s-Tyne)

Scotswood a Newburn et Wylam . . . kilom 10

SEACOMBE, HOYLAKE ET DEESIDE (Londres)

Hoylake a Birkenhead 11

SEVERN ET WYE (Lidney)

Lidney a Lydbrook (par Coleford) 19
Tufts à Drybrook-Road. 11
Embranchements. 30

                                  TOTAL. . . 60

SHEFFIELD ET MIDLAND (Manchester).

Manchester à Stockport 13
Marple à Hayfield (par New-Mills) 10
Prescot a Widnes 5
Embranchements 15

                                  TOTAL . . . 43

SNAILBEACH DISTRICT

Pontesbury a Tankerville 5

SOMERSET ET DORSET (Glastonbury).

Wimborne à Burnham 96
Glastonbury à Wells. 10
Evercreech a Bath 41

                              TOTAL. 147

SOUTH-EASTERN (Londres).

Londres (Charing-Cross) a Douvres (par Tunbridge et Ashford) . . 142
Ashford à Margate (par Canterbury et Ramsgate) 55
Londres (New-Cross) à Maidstone (par Rochester) 69
London-Bridge a Bickley 19
New-Cross a Tunbridge 40
New-Cross à Dartford 24
Red-Hill a Reading. 80
Tunbridge a Hastings. 48
Ashford à Hastings. 44
Appledore à Lydd 16
West Wickham a Hayes 6
Higham a Port-Victoria. 20
Embranchements 33

                              TOTAL . . . . . , . . . 598

SOUTH-WALES MINERAL (Londres)

Britton-Ferry a Glencorwg . . . kilom 19
Embranchements houillers . . , 2

TOTAL . 21

SOUTHWOLD (Londres).

Halesworth a Southwold. 14

STOCKSBRIDGE (Deepcar)

Deepcar a Stocksbridge 3

SWANSEA ET MUMBLES

Swansea a Mumbles 10

SWINDON ET CHELTENHAM EXTENSION (Swindon).

Swindon Town a Cirencester 16

SWINDON, MARLBOROUGH ET ANDOVER (Swindon)

Swindon Town a Andover (par Marlborough) 56

TAFF VALE (Cardiff)

Merthyr a Cardiff 39
Merdare a Treaman . . 10
Abergwawr à Bwllfa-Dorc . . 16
Rhondda à Blaenrhondda . . 18
Penarth à Penarth-Tidal 10
Embranchements houillers . . 45

TOTAL 138

TALYLLYN (Towyn).

Towyn a Abergynolwyn . . . 11

TORBAY ET BRIXHAM (Exeter).

Brixham-Road a Brixham . . 3

VAN (Caersws).

Caersws à Garth (mines de Van) . . . 11

WATLINGTON ET PRINCES RISBOROUGH (Watlington).

Watlington à Princes Risborough 14

WEST LANCASHIRE (Southport)

Southport a Preston . . . . kilom.   28

WEST SOMERSET MINERAL (Watchet).

Combe Row a Watchet   19

WHITLAND ET CARDIGAN (Carmarthen).

Crymmych Arms a Whitland   23

WREXHAM, MOLD ET CONNAH'S QUAY (Wrexham).

Wrexham à Connah's Quay (par Buckley) .   .   .   23
Embranchements houillers   3

TOTAL.   26

ENSEMBLE POUR L'ANGLETERRE. . . 21,407

ECOSSE

CHEMINS DE FER EXPLOITÉS PAR LES COMPAGNIES

CALEDONIEN (Glasgow)

Carlile à Aberdeen (par Stirling et Perth)   388
Edimbourg à Glasgow   76
Castle-Douglas à Port-Patrick   98
Edimbourg à Carstairs   43
Glasgow à Greenock   35
Kirtlebridge à Brayton   34
Lockerbie a Dumfries   24
Symington à Peebles   21
Carstairs à Dolphinton   18
Carstairs à Douglas.   18
Motherwell à Glasgow   19
Cambuslang à Strathaven   24
Motherwell à Lesmahagow   21
Ayr Road à Stonehouse.   8
Netherburn à Blackwood.   5

A reporter. .   . kilom.   832

Report	.	kilom	832
Holytown à Morningside	.	. .	18
Glasgow à Coatbridge.		.	16
Glasgow à Greenhill .	.	.	26
Larbert a Falkirk. . . .	.	. . .	5
Larbert à Denny. . .	.	.	6
Larbert à Grangemouth. . .	. . .		10
Dunblane à Oban (par Callander et Dalmally) . .	.		126
Crieff Junction à Crieff . .			14
Perth à Crieff			27
Perth à Broughty-Ferry (par Dundee)		.	40
Douglas à Munkirk. . .	.	. .	19
Slateford à Balerno. . . .	.	.	10
Hamilton à Ferniegairs .	.	.	5
Dundee à Meigle. . . .	.	. .	16
Coupar-Angus à Blairgowrie		. .	8
Meigle à Alyth	.	.	8
Forfar à Broughty-Ferry .	.		24
Embranchement de Kirriemur			6
Guthrie à Dundee . .	.	.	39
Bridge of Dun a Brechin . .	. .		6
Dubton à Bervie (par Montrose) . . .	.	.	26
Auchengray a Wilsontown .	.	. . .	2
Glasgow à Kilbride. . . .	.	. . .	16
Glasgow Kilmarnock (par Barrhead Stewarton)	.	.	34
Port-Glasgow à Wemiss-Bay . . .	.		18
Beattock à Moffat . .	. . . .	. . .	3
Embranchements et raccordements .	. . . .		42
	TOTAL . . .		1,402

CITY OF GLASGOW UNION (Glasgow).

Ceinture de Glasgow et embranchements	. . .	11

GIRVAN ET PORT PATRICK (Stranraer).

Girvan-Junction à Port Patrick (Challoch-Junction)	. . .	50

GLASGOW ET SOUTH-WESTERN (Glasgow)

Glasgow à Carlisle (par Kilmarnock et Dumfries)	.	201
Dalry-Junction à Dalmellington) . .	.	53
Paisley à Greenock . .	.	21
Paisley à Renfrew . .	.	10
Kilmarnock a Troon . .	.	14
Hurlford à Newmilns	.	8
Mauchline a Ayr. . .	. . .	13
Auchinleck à Munknk .	. . . . .	16
A reporter . .		326

Report . . kilom	326
Dumfries a Castle-Douglas	32
Castle-Douglas a Kirkcudbright . . .	16
Kilwinning a Ardrossan	10
Irvine à Kilmarnock	13
Ayr a Girvan.	35
Annbank a Cannock	21
Glasgow a Paisley	11
Ibrox à Govan.	3
West Kilbride a Fairlie	5
Embranchements et raccordements	59

TOTAL	531

GREAT-NORTH OF SCOTLAND (Aberdeen)

Aberdeen a Lossiemouth (par Grange).	138
Aberdeen à Ballater	70
Dyce a Peterhead	71
Maud-Junction a Fraserborough	26
Kintore a Alford	26
Inverury a Old-Meldrum	10
Inveramsay a Macduff	47
Grange à Banff.	20
Tillynaught-Junction a Portsoy	5
Portsoy a Tochinneal	3
Craigellachie a Boat of Garden.	45
Orton à Rothes	2

TOTAL . . .	463

HIGHLAND (Inverness).

Perth a Wick (par Inverness et Bonar-Bridge) . .	480
Ballinluig à Aberfelly.	14
Forres à Keith.	42
Alves à Burg-Head	11
Forres a Findhorn.	5
Dingwall a Strome-Ferry	85
Hoy a Thurso	10

TOTAL.	647

NORTH-BRITISH (Edimbourg)

Berwick a Edimbourg.	92
Edimbourg a Glasgow (par Falkirk)	76
Carlisle à Dundee (par Edimbourg)	238
Newcastle a Riccarton-Junction	101
Stirling à Thornton-Junction	56
Thorton-Junction a Anstruther. . . .	32

1 reporter	595

Report	kilom	595
Alloa a Ladybank.		56
Reston à Boswells.		48
Drem (North) a Berwick		8
Longniddry a Haddington		8
Partobello a South-Leith		5
Portobello à Musselborough et Dalkeith		8
Inveresk a Polton (par Dalkeith)		10
Ratho a Morningside.		40
Bathgate a Coatbridge.		27
Ratho-South a Queensferry.		6
Audrie à Bo ness		34
Blaston-Junction à Bathgate		6
Polmont-Junction a Grangemouth		10
Lenzie à Killearn		22
Cowlairs à Balloch		34
Dumbarton à Helensburgh		11
Maryhill à Milngavie.		5
Carlisle a Silloth		37
Drumburgh à Port-Carlisle		5
Longtown à Gretna Green		5
Riddings-Junction a Langholm		11
Saint-Boswells a Kelso.		18
Roxburgh-Junction a Jedburgh		18
Galashiels à Selkirk		10
Eskbank à Galashiels		60
Leadburn à Dolphinton		34
Trinity à Polton.		6
Trinity a North-Leith		6
Markinch à Leslie		5
Cowdenbeath à Kinross		13
Ladybank à Perth.		21
Leuchars a Saint-Andrews		8
Reedsmouth à Morpeth.		44
Cambus à Aloa		,
Eskbank à Springfield		5
Embranchement de Monkland		8
Dollar à Rumbling-Bridge		6
Monktonhall-Junction à Macmerry		13
Hawthornden-Junction à Penicuik		8
Millerhill à Roslin		10
Stirling à Balloch		48
Clydebank a Partick		5
Killearn à Aberfoyle		13
Arbroath à Hillside		25
Anstruther a Boarhills		14
Embranchements et raccordements		240
TOTAL		1,643

WIGTOWNSHIRE (Wigtown).

Newton-Stewart à Garliestown (par Wigtown) . . . . kilom. 25
Garliestown (Millisle) à Whitehorn 7

Total . . 32

EN FUITE POUR L'ÉCOSSE . . 4,770

IRLANDE

CHEMINS DE FER EXPLOITÉS PAR LES COMPAGNIES

BALLYCASTLE (Belfast)

Ballymoney à Ballycastle 26

BALLYMENA ET LARNE (Belfast).

Ballyclare-Mills à Ballymena (par Larne) 48
Ballyclare à Doagh 3

Total 51

BALLYMENA, CUSHENDALL ET RED BAY (Belfast).

Ballymena à Cushendall 19
Embranchements 8

Total . . 27

BELFAST ET COUNTY DOWN (Belfast).

Belfast à Newcastle (par Downpatrick) . . 61
Comber à Donaghadee 22
Embranchement de Ballynahinch 5

Total 88

BELFAST ET NORTHERN COUNTIES (Belfast)

Belfast à Londonderry 152
Carrickfergus Junction à Larne 26
Cookstown Junction à Cookstown 47
Coleraine à Portrush 11
Newtown à Newton-Limavady 3
Magherafelt à Coleraine (Derry-Central) 47
Magherafelt à Drapestown 11
Embranchements 2

Total 304

BELFAST CENTRAL (Londres).

Ceinture de Belfast (marchandises). . . . . . . kilom 6

BELFAST, HOLYWOOD ET BANGOR (Belfast).

Belfast (Sydenham) à Holywood 7
Holywood à Bangor 12

TOTAL 19

CORK ET BANDON (Dublin).

Cork à Bandon 32
Kinsale Junction a Kinsale. 18
Bandon a Dunmamway (West-Cork) . . 28
Dunmanway à Skibbereen (Ilen-Valley) 25
Drimoleague à Bantry 18
Embranchements. 1

TOTAL 122

CORK BLACKROCK ET PASSAGE (Cork).

Cork a Passage (Blackrock) 10

CORK ET MACROOM DIRECT (Cork).

Cork a Macroom. 40

DUBLIN, WICKLOW ET WEXFORD (Dublin).

Dublin a Wexford (par Wicklow) 150
Dublin a Bray (par Kingstown). 21
Woodenbridge à Shillelagh. 27
Macmine à Ballywilliam 19

TOTAL 217

DUNDALK, NEWRY ET GREENORE (Londres).

Dundalk à Greenore. 21
Greenore a Newry. 21

TOTAL 42

FINN VALLEY (Stranorlar).

Strabane a Stranorlar 21
Stranorlar a Lruminin 22

TOTAL. 43

GREAT NORTHERN D'IRLANDE (Dublin).

Dublin à Oldcastle (par Drogheda) . . . . kilom.	116
Embranchement de Howth . . .	8
Drogheda à Portadown.	90
Scarva Junction à Banbridge .	11
Banbridge à Ballyrouey.	15
Belfast à Clones (par Armagh)	105
Lisburn à Banbridge.	27
Lisburn à Antrim	29
Portadown à Omagh	67
Dundalk à Londonderry (par Clones)	196
Ballybay à Cootehill	14
Clones à Cavan	24
Embranchement de Bundoran . .	50
Embranchement de Fintona.	4
Dungannon à Cookstown	20
Newry à Armagh	35
TOTAL	**809**

GREAT SOUTHERN ET WESTERN (Dublin).

Dublin (Kingsbridge) à Cork (par Charleville)	268
Kildare Junction à Kilkenny	82
Bagenalstown à Ballywilliam	37
Portarlington à Athlone	63
Roscrea Junction à Portumna	55
Roscrea (Ballybrophy) à Nenagh	34
Charleville à Limerick	42
Mallow à Fermoy	27
Fermoy à Lismore	24
Mallow à Tralee	100
Cork à Youghal	40
Clara à Banagher	29
TOTAL . . .	**798**

LIMAVADY ET DUNGIVEN (Limavady)

Limavady à Dungiven	16

LONDONDERRY ET LOUGH SWILLY (Londonderry).

Londonderry à Buncrana . . .	19
Farland Junction à Letterkenny	25
Farland Extension	4
TOTAL	**48**

MIDLAND GREAT WESTERN (Dublin).

Dublin à Galway . . . . kilom.	203
Clonsilla à Navan . . .	37
Navan à Kingscourt	34
Kilmessan à Athboy	19
Glasnevin à Liffey River	5
Ne bill Junction à Edenderry	16
Mullingar à Sligo	134
Multyfarnham à Cavan	39
Kilfree Junction à Ballaghaderreen . . .	16
Streamstown à Clara	13
Athlone à Westport	133
Westport à Westport Quay	3
Manulla Junction à Foxford . .	19
Foxford à Ballyna	13
TOTAL	684

NEWRY, WARRENPOINT ET ROSTREVOR (Liverpool)

Newry à Warrenpoint	10

SLIGO, LEITRIM ET NORTHERN COUNTIES
(Manorhamilton)

Enniskillen à Manorhamilton	40
Manorhamilton à Collooney	27
Collooney à Ballysodare Junction	2
TOTAL	69

WATERFORD ET CENTRAL IRELAND.

Waterford à Maryborough (par Kilkenny)	97

WATERFORD ET LIMERICK.

Waterford à Limerick	120
Limerick à Ennis	38
Ennis à Athenry	41
Athenry à Tuam	26
Limerick à Foynes	41
Rathkeale (Ballingrane Junction) à Newcastle . .	16
Limerick à Nenagh	34
Bird-hill à Killaloe	5
Clonmel à Thurles (Southern)	39
Newcastle à Tralee	68
Embranchements	3
TOTAL	433

WATERFORD ET TRAMORE.

Waterford à Tramore   .   ..   kilom.   11

WATERFORD, DUNGARVAN ET LISMORE (Waterford)

Waterford à Lismore (par Dungarvan)   .   .   69

WATERFORD ET WEXFORD (Waterford)

Waterford à Wexford   16

ENSEMBLE POUR L'IRLANDE   4,052

RÉCAPITULATION

Angleterre 21,407
Ecosse 4,779
Irlande 4,052

ENSEMBLE POUR LES ÎLES-BRITANNIQUES. . . 30,238

GRÈCE

CHEMIN DE FER EXPLOITÉ PAR UNE COMPAGNIE

ATHÈNES AU PIRÉE (Athenes).

Athènes au Pirée. . . . . kilom. 10

PYRGOS A CATACOLO (Pyrgos).

Pyrgos à Catacolo. 12

THESSALIE (Athènes)

Larisse à Volo. 61

ENSEMBLE POUR LA GRÈCE. 83

ITALIE

CHEMINS DE FER EXPLOITÉS PAR L'ÉTAT

HAUTE ITALIE (Milan).

Turin à la frontière française (1)	kilom.	93
Bussoleno a Suse (1)		7
Turin à Gênes (1)		165
St-Pierre d'Aréna à S Benigno (1)		1
Ceinture de Gênes (1)		4
Troffarello a Chieri (1)		9
Savone a Bra (1).		97
Cairo a Acqui (1).		48
Cairu a Mondovi (1)		9
Verceil à Valence (1)		41
Oleggio à Arona (1)		20
Novare a Gozzano (1)		36
Turin a Milan (1).		147
Rho à Arona (1)		53
Gallarate a Varese (1)		18
Alexandrie a Pino (frontière suisse).		147
Milan a Chiasso (frontière suisse) (par Come) (1)		52
Milan à Plaisance (1)		66
Milan a Pavie (1)		29
Stradella a Robbio.		62
Plaisance a Bologne (1)		147
Bergame a Lecco (1)		33
Treviglio à Rovato (1)		33
Treviglio à Cremone (1).		65
Bologne à Pistoie (1)		94
Milan à Venise (par Bergame) (1)		287
Vérone à Ala (Autriche) (1).		49
Verone à Mantoue (1)		32
Udine à Pontebba (frontière autrichienne) (1)		69
Mestre à Cormons (Autriche).		147
Dossobuono à Adria (par Rovigo) (1)		114
Padoue à Bologne (1)		121
Gênes à Vintimille (frontière française) (1)		155
Gênes a Pise (1)		163
A reporter.		2,615

(1) Propriété de l'Etat.

		kilom.	
Report .		.	2,615
Avenza à Carrare (1).		. .	4
Pise a Florence (par Lucques) (1) . . .		.	100
Robbio a Verceil (1).		.	13
Novare à Romagnano (1)		. . .	26
Parme a Fornovo (1)		.	23
Cava Manara à Cava-Carbonara (1)		. .	1
Ferrare a Argenta (1)		.	34
Gallarate a Laveno (1)		. .	32
Bra a Carmagnole (1)		.	21
Parme a Colorno (1). .		.	16
Trevise a Cornuda (1)		. .	25
Gozzano a Orta . . .		.	8
Turin a Coni (2) . . .		.	74
Savigliano a Saluces (2)		.	15
Tortone a Novi (2) .		. .	18
Alexandrie a Plaisance (2)		. . .	97
Cavallermaggiore à Alexandrie (2)		. .	89
Castagnole a Mortara (par Asti) (2). .		. .	89
Milan a Vigevano (2). .		. .	37
Voghera à Pavie (3)		. .	26
Cremone (Olmeneta) a Brescia (3)		. .	106
Cremone à Mantoue (4) . . .		.	62
Turin a Torre Pellico (par Pignerol) (4).		. .	47
Mortara a Vigevano (4) . .		.	13
Acqui à Alexandrie (4). .		.	34
Chivasso à Ivrée (4). . .		. .	32
Santhia a Bielle (4). . . .		. .	30
Torrebenretti a Pavie (4) . . .		.	41
Mantoue à Modene (4) . . .		.	65
Monza a Calolzio (4) .		.	30
Palazzolo a Paratico (4)		. . .	10
Total .		.	3,833

ROMAINS (Florence).

Florence à Livourne (gare maritime) . . .		. .	98
Pise a Rome. . .		. . .	332
Collesalvetti a L'vourne		. .	16
Cecina aux Salines .		.	29
Empoli a Chiusi . .		. .	154
Asciano a Montepascali . . .		.	85
A reporter .		. .	714

(1) Propriété de l'État.
(2) Lignes dont l'État est co-propriétaire
(3) Propriété de la Compagnie des chemins méridionaux
(4) Compagnies spéciales.

Report .	kilom	714
Florence à Rome . . .	. . .	315
Terontola à Foligno .	.	82
Falconara a Orte . .	.	203
Ciampino a Frascati . .	,	10
Rome a Naples (par Ceprano) .	,	260
Cancello a Avellino. . . .	.	74
Codola a Nocera. . .	.	4
Pontegalera à Fiumicino (1) .	. .	10
TOTAL		1,672

CHEMINS DE FER EXPLOITÉS PAR DES COMPAGNIES

BERGAME A PONTE-DELLA-SALVA

Bergame a Vertova.	. . .	20

MERIDIONAUX (Florence)

Bologne a Otrante (par Ancône et Brindisi). .	. .	845
Castelbolognese a Ravenne.	.	41
Brindisi au port	. . .	2
Pescara a Terni (par Aquila et Rieti) . .	. .	228
Termoli a Campobasso	.	87
Cervara a Candela . . .	.	30
Bari a Tarente . .	. . . .	114
Foggia a Naples . . .	. . . . .	198
Naples a Eboli (par Salerne)	. . . . .	79
Torre-Annunziata a Castellammare	. . . .	7
Benevent a Campobasso . . .		85
Eboli a Metaponto (2).	. .	192
Candela à Fiumara d'Atella (2) . .	. . . .	14
Tarente (bifurcation) à Reggio (par Catanzaro) (2)		468
Reggio au port		3
Catanzaro-Marina a Catanzaro Sala	. . .	9
Buffaloria de Cassano a Cosenza (2)	. . . .	69
Teramo a Giulianova (2) .	. . .	25
Bottipaglia a Agropoli (2).	. . . .	30
Ofantino a Margherita (2). . . .	. . . . .	6
Palerme à Porto Empedocle (par Girgenti) (1).	. .	144
Palerme au port (2)	.	6
Messine a Syracuse (par Catane) (2)	. .	184
Bicocca a Caldare (par Caltanissetta) (2) . . .	. . .	167
Canicatti à Licata (2).	. . .	49
Rocapalumba a San-Caterina Xirbi (2). . .	. . . . .	49
Reggio a Villa San Giovanni . . .	. . .	15
TOTAL .	. . .	3,140

(1) Compagnie spéciale. — (2) Propriété de l'État.

NORD DE MILAN (Milan).

Milan a Saronno. . . . . kilom. 21
Milan (Bovisa) a Incino-Erba.. 39
San-Pietromartire a Cammago et raccordement de Bovisa . . . 3

TOTAL 63

PARMA A SUZZARA

Parme a Suzzara (par Guastella) . 44

SARDES (Rome).

Cagliari à Oristano 94
Decimomannu a Iglesias 37
Oristano a Chilivani 119
Chilivani à Terranuova. 72
Terranuova au golfe des Aranci 22
Chilivani à Portotories. 66

TOTAL. 410

SASSUOLO A MIRANDOLA ET FINALE

Sassuolo a Modène 18
Modene i Mirandola 31
Cavezzo Medello a Finale. 20

TOTAL 69

SETTIMO A RIVAROL (Turin).

Settimo a Rivarol (1) 23

SICILE OCCIDENTALE (Rome).

Palerme a Trapani (par Marsala). 189

SOCIÉTÉ ROMAINE DES CHEMINS DE FER SECONDAIRES (Rome).

Albano a Nettuno. 38

TESSIN (Société du).

Vedano à Saronno (2) 22
Malnate a Vedano (2) 3

TOTAL 25

TURIN A LANZO (Turin).

Turin a Lanzo (par Cirie). 31

(1) Chemin à voie étroite
(2) Exploité, provisoirement, par la Compagnie du Nord de Milan.

TURIN A RIVOLI (Turin).

Turin a Rivoli .   .   . . kilom   12

VENTOSO A GUASTALLA

Ventoso a Reggio (Emilie)...   15

VICENCE A THIENE ET A SCHIO (Padoue).

SOCIETE VENITILANE

Vicence à Schio (par Thiene)	3
Vicence a Trevise (1)	59
Padoue a Bassano (1)	47
Conegliano a Vittorio (1)	11

TOTAL   147

ENSEMBLE POUR L'ITALIE .   .   9,734

(1) Compagnies spéciales

PAYS-BAS.

HOLLANDE.

CHEMINS DE FER EXPLOITÉS PAR DES COMPAGNIES

CENTRAL NÉERLANDAIS (Utrecht)

Utrecht à Zwolle	kilom	88
Zwolle a Kampen		13
Raccordement de Bilt a Utrecht (marchandises).		12
TOTAL . .		113

HOLLANDAIS (Amsterdam)

Amsterdam à Rotterdam (par Harlem et La Haye) . .	85
Raccordement à Rotterdam	1
Harlem à Uitgeest	18
Amsterdam a Zutphen (par Amersfoort et Hilversum) .	100
Hilversum à Utrecht	16
Uitgeest à Helder (Nieuwdiep) (1) . .	58
Uitgeest à Amsterdam (1)	23
Raccordement a Utrecht	2
Hapeldoin a Het-Loo (marchandises) . .	4
Zaandam à Horn (voie étroite) (1)	32
Zutphen à Winterswijk (2)	43
Harlem a Zandvoort (3)	8
TOTAL . .	390

NORD-BRABANT-ALLEMAND (Gennep)

Boxtel à Wesel (Prusse) (par Goch et Gennep) . .	101

RHÉNAN-NÉERLANDAIS (Utrecht)

Amsterdam (gare centrale) a Emmerich (Prusse) . . .	127
Utrecht a Rotterdam	52
Gouda à La Haye	28
A reporter.	207

(1) Propriété de l'État
(2) Propriété de la Compagnie du Néerlando-Westphalien.
(3) Compagnie spéciale.

Report . . . kilom.			207
Harmelen a Breukelen.			9
Wœrden a Leyde (1).			32
La Haye a Scheveningue (tramway a vapeur). . . .			5
Ede a Vageningen (Tramway a vapeur). . . . . , . .			8
TOTAL			261

SOCIÉTÉ D'EXPLOITATION DES CHEMINS DE L'ÉTAT
NÉERLANDAIS (Utrecht).

Harlingen à Nieuwe Schans (par Leeuwarden et Groningue (2)	127
Arnheim à Leeuwarden (par Zutphen et Zwolle) (2). . . .	169
Leeuwarden a Sneek (2).	21
Arnheim à Nymegue (2).	19
Nimègue a Venloo (2)	59
Meppel a Groningue (2). . . .	77
Zwolle a Almelo (2)	45
Zutphen a Glanerbeek (2).	60
Glanerbeek à Gronau (Prusse) (3).	3
Breda à Maestricht (par Tilbourg, Eindhoven et Venloo) (2) .	180
Boxtel à Utrecht (par Bois-le-Duc) (2) .	60
Breda a Rotterdam (par Zwaluve et Dordrecht). .	54
Zwaluwe à Zevenbergen (2) . .	8
Zevenbergen a la frontière belge (par Oudenbosch) (2). .	24
Breda à Rosendaal (2)	24
Rosendaal a Flessingue (par Berg-op-Zoom) (2) . . .	76
Geldermalsen a Elst (2).	44
Walbourg à Bemmel (2)	2
Gorinchen a Geldermalsen (2)	26
Groningue a Delfzyl (2).	38
Almelo a Salzbergen (Prusse) (4)	55
Liege Vivegnus (Belgique) à Eindhoven (par Liers et Hasselt) (4)	»
Ans à Liers (Belgique) (5)	»
Ans a Flemalle (Belgique) (5)	»
Bilsen à Munster-Bilsen (5)	»
Tilbourg a Nymègue (6)	65
TOTAL	1,236
ENSEMBLE POUR LA HOLLANDE. . .	2,101

(1) Propriete de la Compagnie de Leyde à Woerden
(2) Propriete de l'Etat.
(3) Propriété de la Compagnie prussienne de Dortmund-Gronan-Enschede.
(4) Compagnie spéciale
(5) Pour mémoire (137 k.) Voir Belgique (Compagnie du Liégeois-Limbourgeois)
(6) Compagnie du Sud-Est néerlandais.

LUXEMBOURG

CHEMINS DE FER EXPLOITES PAR L'ETAT

GUILLAUME-LUXEMBOURG (Strasbourg) (1).

Luxembourg à la frontière lorrain , vers Thionville (par Bettembourg). kilom	17
Bettembourg a Ottange.	11
Bettembourg (Noortzingen) a Audun-le-Tiche (par Esch-sur-Alzett)	9
Redange a Audun-le-Tiche	4
Bettembourg a Dudelange	6
Embranchement de Hesselberg	2
Luxembourg à la frontière belge, vers Arlon (par Bettingen) .	19
Luxembourg à la frontière belge, vers Spa (par Ettelbruck) .	77
Ettelbruck à Diekirch	4
Luxembourg a la frontière prussienne, vers Treves (par Wasserbillig].	37
ToTAL.	186

CHEMINS DE FER EXPLOITES PAR DES COMPAGNIES

PRINCE HENRI (Luxembourg).

Diekirch a Wasserbillig (par Echternach).	30
Esch a Athus (par Petange)	22
Petange a Ettelbruck.	51
Raccordement de Hagen vers Bettingen . . .	2
Petange a la frontière française (par Lamadelaine) . .	9
Gras a Autel (marchandises)	4
Esch à Galgenberg.	1
Kautenbach a Wiltz	10
ToTAL	149

WINTERTHOUR (Société de) (2)

Luxembourg a Remich (3)	27
Kruchten a Larochette (3)	12
ToTAL	39
ENSEMBLE POUR LE LUXEMBOURG . .	374

---

(1) Exploité par l'Administration des chemins de l'Alsace-Lorraine. (Voir page 25)
(2) Société Suisse de construction et d'exploitation
(3) Chemins a voie étroite.

.

RÉCAPITULATION :

Hollande . . . . kilom. 2,101
Luxembourg 374

ENSEMBLE POUR LES PAYS-BAS . . 2,475

PORTUGAL

DOURO ET MINHO (Porto) (1).

Minho { Porto a Valence (par Ermezinde et Nine) . . . . kilom.	131
Nine a Braga	14
Douro: Ermezinde à Tua.	139
TOTAL.	284

SUD-EST (Lisbonne) (1).

Lisbonne (Barreiro) a Serpa (par Beja et Quintos).	183
Pinhal-Novo a Sétubal	13
Casa Branca a Extremoz (par Evora).	78
Béja a Casevel	48
TOTAL.	322

CHEMINS DE FER EXPLOITÉS PAR DES COMPAGNIES

BEIRA-ALTA (Lisbonne) (1).

Figueira à Villa Formoso	253

BOUGADA A GUIMARAES (Porto) (2)

Bougada à Guimaraes	26

PORTUGAIS (Lisbonne) (1).

Lisbonne à Badajoz (Espagne)	281
Ponte-da-Pedra a Porto	231
Torre das Vargens à la frontière espagnole.	72
TOTAL	584

PORTO A POVOA DE VARZIM (Porto) (3).

Porto a Villa Nova de Famalicao (par Povoa de Varzim)	57
ENSEMBLE POUR LE PORTUGAL . .	1,526

(1) Voie large de 1m 67.
(2) Voie étroite de 1 mètre.
(3) Voie étroite de 0m 90.

ROUMANIE

CHEMINS DE FER EXPLOITES PAR L'ETAT

ROUMAINS (Chemins de l'Etat) (Bucharest).

Roman à Bucharest (par Bouzeo et Ploiesti) . . . . kilom	345
Verciorova à Chitilla (par Pitesti).	372
Bucharest à Smarda (par Giurgevo)	78
Ploiesti à Prédéal	84
Bouzeo à Galatz	140
Tecucin à Berlad	50
Braila au Danube	4
Galatz au Danube	1
Jassy à Ungheni	25
Marasesti a Barbosi	91
Campina à Doftana	5
Buda a Slanic	34
Titu a Tirgovistie	31
Adiud a Ocna	50
Kustendje à Czernawoda, ...	64
TOTAL	1,374

CHEMINS DE FER EXPLOITÉS PAR DES COMPAGNIES

LEMBERG-CZERNOWITZ-JASSY (Vienne) (1)

Souczawa à Roman	103
Verestie a Botuschani	44
Pascani à Jassy	77
TOTAL	224
ENSEMBLE POUR LA ROUMANIE. . . .	1,598

---

(1) Compagnie autrichienne (voir page 27).

RUSSIE

CHEMINS DE FER EXPLOITES PAR L'ÉTAT

BASKOUNTCHAK.

Baskountchack à Wladimii . . . . kilom. 74

CATHERINE.

Kasanka à Catherinoslaw 23

FINLANDE (Helsingfors)

Saint-Pétersbourg à Helsingfors (par Rihimaki) 441
Lahtis au lac Wesijærvi 4
Embranchement du pont de Raivola 2
Rihimaki à Tammersfors (par Tavastehus) 115
Embranchement du port de Sœinas 6
Hyvinge à Hangœ 148
Toijala à Abo 127
Tamerfors à Nicolaistad 304

TOTAL 1,147

JABINSKA A PINSK.

Jabinska à Pinsk 145

KHARKOW A NIKOLAIEW (Saint Pétersbourg).

Kharkow à Nikolaiew et au Bug 592
Snamenka à Elisabetgrad 52
Merefa à Voroschba (par Soumy) 243

TOTAL 887

LIVNY (Orel).

Werkhovié à Livny (1) 61

TAMBOW A SARATOW (St-Pétersbourg).

Tambow à Saratow et raccordements 384
Sosnovka à Bykova 15

TOTAL 399

(1) Chemin à voie étroite.

LIBAU A ROMNY (Moscou).

Libau à Koschedary . . . . kilom   314
Wileika à Romny   759
kalkuhnen a Radzivilischki   198

TOTAL 1,271

CHEMIN MILITAIRE.

Michailousk à Kizil-Arvad.   232

CHEMINS DE FER EXPLOITES PAR DES COMPAGNIES

BALTIQUE (Saint-Pétersbourg).

Saint-Pétersbourg à Port-Baltique [par Gatchina et Reval}   417
Ligovo à Oranienbaum   28
Gatchina à Tosna   47
Tap, à Dorpat   114

TOTAL   606

BORGO A KERVO (Finlande).

Borgo à Kervo.   33

BOROVITCHI (St-Pétersbourg).

Ouglovka à Borovitchi.   30

DONETZ (Moscou).

Kramatorskaya à Swierewo   313
Krinitschnaia au Donetz (Kraschnaia)   139
Popassnaia a Lissitschansk.   43
Krinitschnaia a Jassinowatoje   13
Konstantinowka à Jelenowka.   91
Jelenowka à Marioupol.   105

TOTAL   704

DUNABOURG A VITEBSK (Londres et Riga).

Dunabourg à Vitebsk   260

FASTOW (Saint-Pétersbourg)

Fastow à Snamenka . . . . kilom.	301
Zwietkowo à Schpola.	22
Bobrinskaya à Tscherkassy.	30
Embranchements	3
TOTAL	356

GRANDE SOCIÉTÉ DES CHEMINS DE FER RUSSES

(Saint-Pétersbourg).

Saint-Pétersbourg à Varsovie	1,113
Landwarow à Virballen	172
Raccordement à Dunabourg	3
Saint-Pétersbourg à Moscou	650
Moscou à Nijni-Nowgorod	437
TOTAL	2,375

GRIAZY A TSARITSYN (Saint-Pétersbourg).

Griazy à Tsaritsyn	601
Tsaritsyn au Volga.	10
Tsaritsyn à Kalatch	78
Embranchement sur Kroutaia	17
Alexikowo à Ourupino	35
Log a Novo-Gregoriewsk.	4
TOTAL	745

KOURSK A KHARKOW ET AZOW (Saint-Pétersbourg)

Koursk à Rostow-sur-Don (par Kharkow). . . .	814

KOURSK A KIEW (Moscou).

Koursk à Kiew	468

KOZLOW A WORONEJE ET ROSTOW (Saint-Pétersbourg).

Kozlow à Rostow (par Woroneje.	826
Maksimowka à Atiukta	6
TOTAL	832

LODZI (Varsovie)

Koluschki à Lodzi	28

LOSOVAIA A SÉBASTOPOL (Saint-Petersbourg).

Losovaia a Sébastopol . . . . . . kilom.	606
Sinelnikovo à Jekaterinoslaw	44
Alexandroski au Dnieper	3
Nowo-Alexeievka à Genitschesk	14
Embranchements	20

TOTAL 687

MITAU (Riga).

Riga à Mitau	41
Mitau à Mojaiki	95

TOTAL 136

MORCHANSK A SYZRAN (Saint-Pétersbourg).

Morchansk à Batraki (par Syzran) 531

MOSCOU A BREST-LITOVSK (Saint Pétersbourg)

Moscou a Brest-Litovsk (par Smolensk)	1,092
Embranchements	5

TOTAL 1,097

MOSCOU A JAROSLAW (Moscou).

Moscou a Jaroslaw	279
Alexandrowo à Karabanovo	11
Jaroslaw à Vologda (1)	205

TOTAL 495

MOSCOU A KOURSK (Moscou).

Moscou a Koursk	542
Embranchements	4

TOTAL 546

MOSCOU A RIAZAN (Moscou).

Moscou à Riazan et raccordements	209
Wosskressensk a Jegonevsk	23
Loukhovitzi à Zaraisk	27

TOTAL 259

MOUROM (Saint-Pétersbourg).

Kowrow a Mourom 107

---

(1) Chemin de fer à voie etroite.

NOVGOROD (St-Pétersbourg)

Tschoudovo à Sataraia-Roussa (par Novgorod) (1) . . kilom   168

NOVO-TORJOK (St-Petersbourg).

Ostachkowo à Novo-Torjok   34
Novo-Torjok à Riew. 101

TOTAL   135

OBOIANI

Marino a Oboiant (1)   32

OREL A GRIAZY (St-Pétersbourg).

Orel à Griazy (par Eletz 302

OREL A VITEBSK (St-Pétersbourg).

Orel a Vitebsk (par Smolensk)   .   521
Briansk à Ludinovo (embranch. industriel, 79 kil. pour memoire).   »
Joukovka à Akoulidzo (embranch. industriel, 36 kil. pour memoire).   »

TOTAL   521

ORENBOURG (St-Pétersbourg)

Batraki a Orenbourg (par Samara)   542

OURAL (St-Pétersbourg)

Perm à Katerinenbourg   499
Tschoussovo à Beresniaki   207
Alexandrowo a Lunieka   8

TOTAL   714

POUTILOW (St Pétersbourg).

St-Pétersbourg a l'usine de Poutilow et raccordement sur la Néva (2)   30

RIAJSK A MORCHANSK (Moscou)

Riajsk à Morchansk   130
Soucharovo a Ouholovo..   7
Raccordement a Riajsk.   4

TOTAL   141

(1) Chemins a voie étroite
(2) Chemin industriel

RIAJSK A WIASMA (St-Pétersbourg)

Riajsk à Wiasma	kilom.	496
Krouchtovo à Eletz		192
Skopine a Tchoulkovo.		11
Embranchements		2
TOTAL .		701

RIAZAN A KOZLOW (Moscou).

Riazan a Kozlow	211

RIGA A DUNABOURG (Riga)

Riga a Dunabourg	218
Riga à Muhlgraben.	10
Riga à Hafendamm (par Bolderaa) (1).	18
TOTAL	246

RIGA A TOUKOUM (Riga)

Riga à Toukoum . . .	58

ROSTOW A VLADIKAVKAS (St-Pétersbourg)

Rostow à Vladikavkas	606

RYBINSK A BOLOGOI (St-Pétersbourg)

Rybinsk à Bologoi	299

SCHOUIA A IVANOVO (Moscou).

Nowki à Kinechma (par Schouia et Ivanovo)	182

SESTRORIETZK (St-Pétersbourg)

Bieloostrow à Sestroritzk (Finlande).	6

SUD-OUEST (St-Pétersbourg)

Odessa a Volotchisk (par Balta et Elisabetgrad)	552
Radzelnaia au Prouth (par Kichinew) . . .	223
Birsoula à Elisabetgrad	287
Kiew à Schmerinka	271
Embranchements au port d'Odessa . . .	29
Kasiatin a Brest-Litovsk (par Stolbounowo).	491
Brest-Litovsk à Graievo	212
Bielostock à Staroseltsy	3
Zdolbounovo à Radzivilow .	94
Embranchement à Bender .	3
Chemin de Ceinture de Kiew	2
Bender à Galatz (Roumanie) .	284
TOTAL	2,454

(1) Propriété de l'État.

TAMBOW A KOZLOW (St-Pétersbourg).

Tambow à Kozlow.	kilom.	73

TRANSCAUCASIEN (St-Pétersbourg).

Poti à Tiflis	308
Tiflis a Bakou.	549
Rion à Koutais	9
Bakou a Sabountschi et Sourachany	27
Samtredi a Batoum.	110
TOTAL	1,003

TSARSKOE-SELO (St Pétersbourg).

St-Petersbourg à Paulowsk (par Tsarskoe-Selo)	27

VARSOVIE A BROMBERG (Varsovie).

Lowitz à Alexandrovo	139
Alexandrovo à Ciechocinek	8
TOTAL	147

VARSOVIE A TERESPOL (Varsovie).

Varsovie à Terespol	207
Terespol à Brest-Litovsk (1)	6
TOTAL	213

VARSOVIE A VIENNE (Varsovie).

Varsovie a Granica.	308
Skiernewice à Lowitz .	21
Sombkowice à Sosnowice	18
TOTAL	347

VISTULE (St-Pétersbourg)

Mlawa a Kowel	459
Loukow à Ivangorod.	62
Raccordement à Varsovie.	20
TOTAL	541
ENSEMBLE POUR LA RUSSIE	25,343

---

(1) Propriété de l'Ltat.

SERBIE

CHEMINS DE FER EXPLOITÉS PAR UNE COMPAGNIE

ETAT SERBE (Compagnie des Chemins de fer de l')

Belgrade a Nisch . . . . kilom   244

SUÈDE ET NORVÈGE

CHEMINS DE FER EXPLOITES PAR L'ETAT

SUÈDE

ÉTAT SUÉDOIS (Stockholm).

Stockholm à Gœthembourg (par Skœfde) . . kilom	456
Chemin de Ceinture de Stockholm.	3
Embranchement de Sœdertelje. . .	1
Hallsberg à Oerebio .	25
Hallsberg à Mœlby .	96
Skœfde à Karlsborg .	44
Falkœping à Malmœ .	380
Laxa à Charlottenberg .	203
Kil à Fryksta. .	3
Katrineholm à Næssjœ (par Norrkœping) . .	216
Stockholm à Ange (par Upsal et Sala) .	484
Embranchement de Kilafors .	2
Embranchement du port de Vaerlan .	6
Torpshammar à Storlien. .	302
Braecke a Hasjoe.	67
Toral . . .	2,288

NORVÈGE

ÉTAT NORVÉGIEN (Christiania)

Christiania a Eidsvold (1)	68
Eidsvold à Drontheim (par Hamar et Rœras)	490
Drontheim a Storlien (Suède). .	106
Lillestrœmmen à Charlottenberg (Suède) (par Kongsvinger) . . .	122
Christiania à Drammen .	53
Drammen à Randsfiord. .	89
Hougsund a Kongsberg . . .	28
A reporter.	956

(1) Chemin concédé a une Compagnie anglaise.

Report . . . . . kilom.		956
Vikersund à Krœderen		26
Christiania à Fredrikshald		137
Stavanger à Egersund (1)		76
Drammen à Skien (par Laurvig)		150
Skopum à Horten		5
Ski à Sarpsborg		80
Bergen à Vossevangen		108
TOTAL		1,538

CHEMINS DE FER EXPLOITÉS PAR LES COMPAGNIES

SUÈDE

BANGHAMMAR A KLOTEN

Banghammar à Kloten .	. .	. .	. .	22

BOERLANGE A LENNHEDEN

Boerlange à Lennheden	.	8

BOERRINGE A ANDERSLOEF

Boerringe à Andersloef.	8

BORAS A HERRLIUNGA (Boras).

Boras à Herrliunga (2).	42

CARLSHAMN A WISLANDA (Carlshamn).

Carlshamn à Wislanda	78

CARLSKRONA A WEXIŒ (Carlskrona).

Carlskrona à Wexiœ.	.	114

CIMBRISHAM A TOMELILLA

Cimbrisham à Tomelilla	27

CHRISTIANSTAD A HESSLEHOLM (Christianstad).

Christianstad à Hessleholm	30

(1) Chemin du Jæder.
(2) Chemin à voie étroite.

DANNEMORA A HARG

Dannemora a Harg (1) . . . . kilom 39
Knaby à Hambull (1) 8

TOTAL. 47

FALUN A KIHL ET GŒTHEMBOURG (2) Gœthembourg).

Falun à Gœthembourg (par Kihl). 478
Daglœsen à Filipstad. 8

TOTAL. 486

FREDERICKSHALD A SUNNANA (Stockholm) (3).

Sunnana a Frederikshald (Norvège) (4). 100
Ed à Lee.. 2

TOTAL. 102

GOTLAND (Visby).

Visby à Hemse (2) 55
Embranchement au port de Visby (1) 2

TOTAL. 57

FILIPSTAD A NORDMARKEN (Filipstad).

Filipstad à Nordmarken (1). 17

FRŒVI A LUDVIKA

Frœvi à Ludvika. 98

GEFLE A FALUN (Gefle).

Gefle a Falun 92

HALMSTAD A NAESSJŒ

Halmstad à Naessjœ. 196

HELSINGBORG A HESSLEHOLM (Helsingborg)

Helsingborg (Ramlœsa) a Hessleholm. 74
Biuf à Billesholm. 5

TOTAL 79

(1) Chemins a voie étroite.
(2) Grand chemin des mines.
(3) Chemin de Dalsland.
(4 Y compris 3 kilomètres, de la frontière a Frederikshald, appartenant a l'Etat de Norvège

HOER A HOERBY

Hoer a Hoerby. . . . . kilom.   13

HIO A STENSTORP (Hio).

Hio a Stenstorp (1)   39
Svensbro à Tidaholm (1).   16

TOTAL.   55

HUDIKSVALL A FORSA (Hudiksvall).

Hudiksvall a Næsviken (par Forsa) (1)   16

KALMAR A EMMABODA (Kalmar).

Kalmar à Emmaboda (1)   57

KARPALUND A DEGEBERGA (2)

Karpalund à Degeberga   30
Efveroed a Ahus   15

TOTAL.   45

KLACKBERGS

Norberg à Klackberg.   5

KŒPING-HULT (3) (Svarta).

Kœping à Oerebro (par Arboga)   71

KŒPING A UTTERSBERG (Uttersberg).

Kœping à Uttersberg (1).   33
Gisslarbo à Svansbo (1)   3

TOTAL   36

KRYLBO A BORLAENGE (Krylbo)

Krylbo (Strœmsnæs) à Sæter   30
Sæter a Borlænge   25
Kullsveden a Bispberg.   3

TOTAL   67

KRYLBO A NORBERG (Krylbo).

Krylbo à Kærrgrufvan   19

---

(1) Chemins à voie étroite.
(2) Chemin de Gaerds haeras.
(3) Royal Suédois.

LANDSKRONA A ENGELHOLM (Landskrona).

Landskrona à Engelholm . . . . kilom 48

LANDSKRONA A HELSINGBORG ET A ESLŒF (Landskrona).

Landskrona à Eslœf . . 32
Billeberga a Helsingborg . 28

TOTAL. 60

LIDKŒPING A HAKANTORP.

Lidkœping à Hakantorp (1) 28

LIDKŒPING A SKARA ET STENSTORP (Skara).

Lidkœping a Stenstorp (par Skara) (1) . . . 50

LUND A TRELLEBORG (Lund).

Lund à Trelleborg 43

MALMŒ A YSTAD (Ystad).

Malmœ à Ystad 63

MARIESTAD A MOHOLM (Mariestad).

Mariestad à Moholm (1) . 18

MARMA A SANDARNE (Gefleborg)

Askesta à Sandarne 11

NAES A MORSHYTTAN

Naes à Morshyttan (1) . . . 12

NAESSJŒ A OSKARSHAMN (2) (Oskarshamn).

Naessjœ à Oskarshamn . . . 149

NORA A KARLSKOGA (Bofors).

Nora à Karlskoga - . . . 57
Karlskoga à Oterbæcken. 45
Gyttorp à Striberg et Pershyttan 8
Kortfors à Carsdahl 5
Dylta à Nora (3) 18

TOTAL 133

---

(1) Chemins a voie étroite.
(2) Est-suédois
(3) Compagnie de Nora-Ervalla

NORDMARK AU CLAR.

Nordmark à Edebæck (1) . . .   . . .   kilom.   65
Nordmark a Taberg (1)   1
Siogrænd à Skymnæs (1)   . . . . , . . .   6
Geijersholm a Starrkærr (1)   1

                        TOTAL   73

NORSHOLM, VESTERVIK ET HULTSFRED (1).

Norsholm a Bersbo (2).   33
Vestervik à Atvidaberg et Bersbo (2)   85
Hultsfred à Jenny (2)   68

                        TOTAL   186

NYBRO A SÆFSIŒSTRŒM.

Nybro a Sæfsiœstrœm (1).   43

OXELŒSUND A FLEN ET WALSKOG

Oxelœsund à Walskog (par Rekarne)   138
Rekarne à Kolbæck . . . . , . . .   18

                        TOTAL   156

PALSBODA A FINSPONG (Palsboda).

Palsboda à Finspong (1)   58

SAEFNAS.

Horken a Annefors (1).   47

SŒDERHAMN A BERGVIK (Sœderhamn)

Sœderhamn à Bergvik (1).   15

SŒLVESBORG A CHRISTIANSTAD (Christianstad).

Sœlvesborg à Christianstad (1) 31

---

(1) Chemins a voie étroite.
(2) Compagnies spéciales.

STOCKHOLM A VESTERAS ET KŒPING (Stockholm)

Stockholm à Kœping (par Vesteras).. . . . . kilom. 146
Tillberga a Engelsberg. 50
Sala à Tillberga (1) 28
Engelsberg a Kærigrufan (2) 18

TOTAL 242

STORA A GULDSMEDSHYTTAN (Stora).

Stora a Guldsmedshyttan. . . . 4

SUNDSWALL A TORPSHAMMAR (Sundswall)

Sundswall à Torpshammar (3) . . . 58
Wattjom à Matfors (3) 4

TOTAL.. . . 62

UDDEVALLA A VENERSBORG ET HERRLIUNGA
(Uddevalla)

Uddevalla à Herrliunga (par Venersborg) (3) 92

ULRICEHAMN A VARTOFTA (Ulricehamn).

Ulricehamn à Wartofta (3). . . 27

UPSAL A GEFLE (Upsal).

Upsal à Gefle 114
Oerbyhus à Dannemora 9
Oriskog à Sœderfors 9

TOTAL.. 132

UPSAL A LENNA (Upsal).

Upsal a Lenna (3) . . . . . , ... 21

UTTERSBERG A RIDDARHYTTAN.

Uttersberg à Riddarhyttan (3) 12

(1) Compagnie speciale.
(2) Compagnie de Norberg
(3) Chemins a voie étroite

VADSTENA A FOGELSTA (Vadstena).

Vadstena à Fogelsta (1)   .   kilom.   10

VARBERG A BORAS

Varberg à Boras.   85

VERMLANDS ORIENTAL (Christineham).

Christineham à Persberg   59
Nyhyttan à Finshyttan   7

                                        Total   66

VESSMAN ET BARKEN (Smedjebacken).

Smedjebacken (lac Barken) à Ludvika (lac Wessman) (1). . . .   18

VIKERN A MŒCKELN (Vikern)

Degerfors à Stålberg (1)   54

VIMMERBY A HULTSFRED.

Vimmerby a Hultsfred   21

VINTJERN A JAEDRAAS

Vintjern à Jaedraas (1).   30

VISLANDA A BOLMEN (Vislanda).

Vislanda à Bolmen (1)   51

WEXIŒ A ALFVESTA (Wexiœ)

Wexiœ a Alfvesta   18

YSTAD A ESLŒF (Ystad).

Ystad à Eslœf   76

                ENSEMBLE POUR LA SUEDE ET LA NORVÈGE   . .   7,968

---

(1) Chemins a voie étroite

SUISSE

CHEMINS DE FER EXPLOITES PAR LES COMPAGNIES

APPENZELL (Herisau).

Winkeln a Urnæsch (par Herisau) (1)	. . . . kitom.	15

ARTH AU RIGHI (Arth).

Arth au Righi-Kulm (par Goldau) (2)	12

CENTRAL SUISSE (Bâle).

Bâle a Berne (par Olten et Aarbourg)	107
Olten a Aarau	13
Berne (Wylerfeld) à Scherzligen (par Thoune)	29
Aarbourg a Lucerne.	51
Olten a Bienne (par Soleure).	59
Herzogenbuchsee a Soleure . .	12
Soleure a Busswyl.	21
Pratteln aux Salines	2
Raccordement avec le chemin badois, à Bâle	4
Aarau (Ruppersweil) a Rothkreutz (par Wohlen et Muri) (3)	41
Zofingue a Suhr	16
Suhr a Aarau (pour 1/2)	2
Wohlen à Bremgarten (4)	7
Brugg a Hensdschikon (par Othmarsingen) . .	10
TOTAL	374

EMMENTHAL (Burgdorf).

Soleure a Biberist (5)	3
Soleure a Langnau (par Burgdorf)	36
Biberist à Derendingen.	3
TOTAL	42

(1) Chemin à voie etroite.
(2) Systeme a cremaillere.
(3) Ligne du Sud de l'Argovie (Propriété, en commun, des Compagnies du Central et du Nord-Est Suisse.)
(4) Propriété, en commun, des Compagnies du Central, du Nord Est Suisse et de la commune de Bremgarten
(5) Propriété de la Compagnie du Central Suisse.

GOTHARD (Lucerne).

Rothkreutz a Immonsee (1). . . . . . . kilom	2
Immeusee à Pino (frontiere italienne).	177
Giubiasco a Chiasso	56
Cadenazzo à Locarno.	12
TOTAL	217

JURA-BERNE-LUCERNE (Berne).

Berne (Zollikofen) à Neuveville (par Bienne) (1) . .	11
Neuchâtel au Locle (par Convers) (1).	36
Le Locle a Morteau	2
Bienne a Convers (par Sonceboz) (1) . . .	12
Sonceboz à Delle (France) par Delemont et Poirentruy (1)	76
Delémont à Bâle (1)	37
Lys à Fraeschels (1).	12
Berne (Gumlingen) à Lucerne (par Langnan) (2). . . .	84
Daerlingen à Bœningen (par Interlaken) (3)	8
TOTAL.	338

LAUSANNE A ÉCHALLENS (Lausanne).

Lausanne à Echallens (4).	14

NORD-EST-SUISSE (Zurich).

Zurich à Aarau (par Turgi).	50
Zurich à Romanshorn (par Winterthour) . . .	82
Rorschach à Constanne (par Romanshorn)	34
Winterthour à Schaffhouse	30
Turgi à Waldshut (Bade).	17
Zurich à Næfels (par Waedenswell et Ziegelbruck)	60
Glaris a Linththal	16
Winterthour à Coblentz (par Bulach)	47
Oerlikon à Bulach	13
Oberglatt à Dielsdorf.	7
A reporter	356

(1) Propriété des Compagnies du Central et du Nord-Est suisse (lignes du Sud de l'Argovie).
(1) Propriété de la Compagnie du Jura-Bernois
(2) Propriété de l'État de Berne.
(3) Chemin du Bœdeli (propriété de la Compagnie du Brunig).
(4) Chemin a voie etroite.

Report.	kilom	356
Niederglatt à Wettingen (près Baden)		18
Constance à Etzwylen		29
Kreutzlingen a Emmishofen		1
Singen (Bade) à Winterthour (par Etzwylen)		44
Effretikon à Otelfingen		27
Wettingen à Lentzbourg		16
Lentzbourg a Suhr		7
Suhr à Aarau (pour 1/2)		3
Zurich (Altstetten) à Zoug (1)		35
Zoug à Lucerne (Untergrund) (1)		23
Raccordement de Knonau à Cham (1)		1
Raccordement à Zoug (4)		1
Brugg à Pratteln (près Bâle) (2)		48
Effretikon a Hinweil (par Wetzikon) (3)		22
Sulgen à Gossau (par Bischofszell) (4)		23

Total.	654

RIGHI (Vitznau).

Vitznau à Staffelhœhe (5)	5
Staffelhœhe au Righi-Kulm (6)	2

Total.	7

RIGHI SCHEIDECK

Kaltbad à Righi-Scheideck.	7

RORSCHACH A HEIDEN (Heiden).

Rorschach a Heiden (5)	6

SUISSE OCCIDENTALE (Lausanne).

Genève à Saint-Maurice (par Lausanne)	109
Morges à Bussigny	1
Renens à Neuveville (par Neuchâtel)	84
Auvernier aux Verrières	35
Cossonay à la frontière française (par Vallorbe)	29
Lausanne à Berne (par Fribourg)	96
Palézieux à Fraœhsels (par Payerne)	67
Fribourg à Payerne	21

A reporter	442

(1) Ligne de Zurich-Zoug-Lucerne
(2) Ligne du Bœtzberg (propriété commune avec le Central-Suisse)
(3) Compagnie spéciale.
(4) Compagnie spéciale
(5) Chemins à crémaillère.
(6) Propriété de la Compagnie d'Arth au Righi.

Report . . . . . kilom.		442
Payerne à Yverdon . .	. . . .	27
Le Bouveret a Brigue (par Sion) (1) .	. . . .	117
Bulle a Romont (2)	. . . .	17
Total		603

TŒSSTHAL (Winterthour).

Winterthour à Wald (par Bauma)	37

UETLIBERG (Zurich).

Zurich (Selnau) a Uetliberg	9

UNION SUISSE (Saint-Gall).

Winterthour à Rorschach (par Saint-Gall).	72
Rorschach à Coire (par Sargans	92
Sargans a Wallisellen (près Zurich) (par Rapperswell) . .	93
Weesen à Glaris.	12
Wyl à Ebnat Kappel (3)	25
Wald a Ruti (4).	6
Rapperswell à Pfæffikon (5)	4
Wædensweil a Einsiedeln (6).	16
Total.	320

WALDENBOURG

Liestal a Waldenbourg (7).	13
Ensemble pour la Suisse (8)	2,698

(1) Ligne du Simplon

(2) Compagnie spéciale.

(3) Propriete de la Compagnie du Toggenbourg.

(4) Compagnie spéciale

(5) Compagnie spéciale.

(6) Compagnie spéciale.

(7) Chemin a voie étroite.

(8) Non compris les chemins de fer funiculaires de Lausanne a Ouchy, de Ter-ritet a Glyon et du Giessbach.

TURQUIE D'EUROPE

CHEMINS DE FER EXPLOITES PAR UNE COMPAGNIE.

ORIENTAUX (Cie des chemins de fer) (Constantinople).

Constantinople à Andrinople . . .	kilom. 310
Dédéagh à Sarambey	382
Tirnova (Hermanly) a Yamboli . .	106
Salonique à Mitrovitza	363
Roustchouk a Varna (1)	224
Total	. 1,394

---

(1) Compagnie speciale (Bulgarie).

ALGÉRIE

CHEMINS DE FER EXPLOITÉS PAR DES COMPAGNIES

BONE-GUELMA ET PROLONGEMENTS (Paris)

Bône a Guelma. . . . . kilom.		88
Guelma au Kroubs		114
Duvivier a Souk-Ahras.		53
	Total (1) . . .	255

EST-ALGERIEN (Paris)

Constantine a Sétif		155
Alger (Maison carrée) a Menerville		43
Setif à El-Achir		82
El-Guerra à Batna.		80
	Total.	360

FRANCO-ALGÉRIENNE (Cie) (2) (Paris)

Arzew a Saïda		171
Saïda a Modzbah (par Kralfallah)		67
Modzhah à Mecheria (3).		114
	Total.	352

OUEST-ALGÉRIEN (Paris)

Sainte-Barbe-du-Tlélat à Magenta (par Sidi-bel-Abbès)		114
La Sénia à Lourmel		39
	Total	153

PARIS-LYON-MÉDITERRANÉE (Paris)

Alger à Oran		426
Philippeville à Constantine		87
	Total	513
	ENSEMBLE POUR L'ALGERIE . .	1,633

(1) Non compris la ligne de la Medjerdah, en Tunisie, dont 206 kilomètres sont livres à l'exploitation de Tunis a Ghardimaou et à Hamman-El-Lif.
(2) Lignes a voie étroite
(3) Chemin militaire.

RÉSUMÉ

ÉTATS	EXPLOITATION PAR L'ÉTAT		EXPLOITATION par les Compagnies		TOTAUX	
	Nombre d'administrations	Nombre de kilomètres	Nombre de compagnies	Nombre de kilomètres	Nombre de réseaux	Nombre de kilomètres
Allemagne	22	32,038	51	4,511	73	36,549
Autriche-Hongrie	2	8,639	37	12,730	39	21,369
Belgique	1	3,102	13	1,471	14	4,573
Danemark . .	2	1,521	9	410	11	1,931
Espagne .	»	»	33	8,609	33	8,609
France .	1	2,094	50	28,595	51	30,689
Grande-Bretagne .	»	»	130	30,238	130	30,238
Grece . . .	»	»	3	83	3	83
Italie.	2	5,508	14	4,226	16	9,734
Norvège . . .	1	1,538	»	»	1	1,538
Pays-Bas	1	186	7	2,289	8	2,475
Portugal . . .	2	606	4	920	6	1,526
Roumanie . .	1	1,374	1	224	2	1,598
Russie	9	4,448	45	20,895	54	25,343
Serbie .	»	»	1	244	1	244
Suède. . .	1	2,288	64	4,142	65	6,430
Suisse	»	»	16	2,698	16	2,698
Turquie	»	»	1	1,394	1	1,394
TOTAUX .	45	63,342	479	123,679	524	187,021
Algérie. . . .	»	»	5	1,633	5	1,633

IMPRIMERIE CHAIX

IMPRIMERIE ET LIBRAIRIE CENTRALES DES CHEMINS DE FER

SOCIÉTÉ ANONYME

Rue Bergère, 20, près du boulevard Montmartre, Paris

PUBLICATIONS OFFICIELLES

SUR LES CHEMINS DE FER

VOYAGES

L'INDICATEUR-CHAIX, paraissant tous les huit jours.   Prix : 75 cent.

LIVRET-CHAIX continental, Guide des voyageurs sur tous les réseaux étrangers, avec Carte coloriée de l'Europe et Guide-sommaire dans les principales villes, paraissant tous les mois.   Prix **2 francs**

LIVRET CHAIX spécial pour la **FRANCE**, avec Cartes de la France et de l'Algérie, et Guide-sommaire dans les principales villes, paraissant tous les mois.   Prix · **1 fr 50 c**

LIVRETS CHAIX SPÉCIAUX des cinq grands réseaux français, (Ouest, — Orléans, Midi, État, — Lyon, — Nord, — Est), avec carte, paraissant tous les mois.   Chaque livret · **40 cent.**

LIVRET-CHAIX DES ENVIRONS DE PARIS, paraissant tous les mois, avec dix plans coloriés.   Prix · **1 franc**

LIVRET CHAIX DES RUES DE PARIS, avec plans des théâtres. Prix : **2 fr**

GUIDE-CHAIX A L'USAGE DES MILITAIRES ET MARINS, par M. A. DE BELLEFONDS — 11e édition avec carte.   Prix : **3 francs.**

GRAND ATLAS des chemins de fer de l'Europe, bel album relié contenant dix-sept cartes.   Prix : Paris, **42 francs**. Chaque carte séparée : **2 francs**

CARTE DES CHEMINS DE FER FRANÇAIS, au $\frac{1}{1500000}$ coloriée par réseau, indiquant le tracé des nouvelles lignes. Paris : **3 fr**, Départements · **4 fr 50**

TRANSPORTS

RECUEIL GÉNÉRAL DES TARIFS pour les transports à grande et à petite vitesse, paraissant tous les trois mois, avec carte.

Un an .   . Paris **62 francs**, départements : **74 francs**

Un numéro. Paris **18 francs**, départements : **21 francs.**

L'INDICATEUR DES EXPÉDITIONS par grande et petite vitesse (1re série). Tarifs alphabétiques *de* ou *pour* Paris, avec carte. Prix · **4 francs**

CODE ANNOTÉ des chemins de fer en exploitation.   Prix . **18 francs**

BULLETIN ANNOTÉ des chemins de fer en exploitation. Un an . **8 francs**

TRAITÉ DU CONTRAT DE TRANSPORT.   Prix : **5 francs.**

DES LITIGES EN MATIÈRE DE TRANSPORT.   Prix : **1 fr. 50.**

ANNUAIRE OFFICIEL DES CHEMINS DE FER.   Prix · **6 francs.**

LÉGISLATION ET JURISPRUDENCE SUR LE TRANSPORT DES MARCHANDISES par chemins de fer.   Prix **10 francs.**

PARIS. — IMPRIMERIE CHAIX, 20, RUE BERGÈRE. — 8413-4-8

CARTE SPÉCIALE

DES

CHEMINS DE FER DE LA FRANCE

ET DES COLONIES

À l'échelle de $\frac{1}{800.000}$ (un centimètre pour 8 kilomètres)

Imprimée en deux couleurs sur quatre feuilles grand monde

AVEC UN COLORIS SPÉCIAL POUR CHAQUE RÉSEAU

(Largeur totale : 2 m. 15 c. — Hauteur : 3 m. 15 c.)

Dressée d'après les documents officiels les plus récents, émanés du Ministère des travaux publics et des Compagnies de chemins de fer, cette carte comprend les renseignements suivants :

1º CHEMINS DE FER. — Tracé de toutes les lignes en exploitation, en construction ou classées ;

2º UN COLORIS SPÉCIAL pour chaque réseau indique la division des lignes entre les différentes Compagnies, telle que viennent de la déterminer les Conventions votées par les Chambres ;

3º Le nom et l'emplacement de TOUTES LES STATIONS ;

4º EN DEHORS DES VOIES FERRÉES. — Les chefs-lieux des départements, d'arrondissement ou de canton — les autres localités de 1.000 habitants et au-dessus d'après le recensement de 1882 — les bains de mer, les stations thermales et en général toutes les localités desservies par les correspondances des chemins de fer — les points principaux des grandes chaînes de montagnes avec l'indication des altitudes ;

5º HYDROGRAPHIE. — Des cours d'eau sont dessinés en aussi grand nombre que sur la carte de l'État-major au 1/320.000, avec l'indication des points où commence la navigation fluviale et

maritime imprimés en bleu, ils se détachent clairement des tracés des chemins de fer.

6º CARTES SPÉCIALES contenues dans des cartouches :

Environs de Paris, rayon 20 kilom. au 1/420.000 ;

Environs de Bordeaux, rayon 5 kilom. au 1/50.000 ;

Environs de Marseille, idem ;

de Lyon, idem ;

de Lille, idem ;

Corse au 1/800.000 ;

Algérie au 1/3.000.000 ;

Pondichéry et Karikal au 1/1.000.000 ;

Sénégal au 1/6.500.000 ;

Île de la Réunion au 1/800.000 ;

7º PAYS LIMITROPHES. — La Belgique et la Suisse tout entières, l'Allemagne jusqu'à et y compris Cassel, Wurzbourg et Stuttgart, l'Italie y compris Milan et Gènes. Pour cette partie étrangère, comme pour la France, la carte indique les lignes de chemin de fer ainsi que toutes les stations.

PRIX DE LA CARTE

En quatre feuilles détachées in-plano, non entoilées .. 22 fr. ..... sur toile .. 40 fr.

En quatre feuilles pliées dans un étui
(0m.27 sur 0m.29) .... 24 fr. .... 42 fr.

En quatre feuilles assemblées, collées
sur toile, avec gorge et rouleau,
(2m.15 sur 3m.15) .... non vernies .. 34 fr. ..... vernies .. 38 fr.

Frais de port en plus, dans le d partements, 1 fr. 65 ; Algérie et France

à l'Étranger, suivant la distance

Adresser les demandes à la Librairie Chaix, 20, rue Bergère, Paris.

www.ingramcontent.com/pod-product-compliance
Lightning Source LLC
Chambersburg PA
CBHW062017200326
41519CB00017B/4822